AF389906

# RAPPORT

SUR

# L'ASSAINISSEMENT

INDUSTRIEL ET MUNICIPAL

DANS

## LA BELGIQUE ET LA PRUSSE RHÉNANE

PAR

**M. Charles DE FREYCINET,**

INGÉNIEUR AU CORPS IMPÉRIAL DES MINES.

PUBLIÉ

## PAR ORDRE DE SON EXCELLENCE M. LE MINISTRE

DE L'AGRICULTURE, DU COMMERCE ET DES TRAVAUX

PUBLICS.

# PARIS.

DUNOD, ÉDITEUR,

SUCCESSEUR DE Vᵉ DALMONT,

Précédemment Carilian-Gœury et Victor Dalmont,

LIBRAIRE DES CORPS IMPÉRIAUX DES PONTS ET CHAUSSÉES ET DES MINES,

**Quai des Augustins, nᵒ 49.**

1865

# RAPPORT

SUR

# L'ASSAINISSEMENT

## INDUSTRIEL ET MUNICIPAL

DANS

## LA BELGIQUE ET LA PRUSSE RHÉNANE

Paris. — Imprimé par E. Turnot et C<sup>e</sup>, 26, rue Racine

# RAPPORT

SUR

# L'ASSAINISSEMENT

## INDUSTRIEL ET MUNICIPAL

DANS

## LA BELGIQUE ET LA PRUSSE RHÉNANE

PAR

### M. CHARLES DE FREYCINET,

INGÉNIEUR AU CORPS IMPÉRIAL DES MINES.

---

## PUBLIÉ PAR ORDRE DE SON EXCELLENCE

M. LE MINISTRE DE L'AGRICULTURE, DU COMMERCE
ET DES TRAVAUX PUBLICS.

---

## PARIS.

DUNOD, ÉDITEUR,

SUCCESSEUR DE V<sup>or</sup> DALMONT,

Précédemment Carilian-Gœury et Victor Dalmont,

LIBRAIRE DES CORPS IMPÉRIAUX DES PONTS ET CHAUSSÉES ET DES MINES.

**Quai des Augustins, n° 49.**

---

1865

# RAPPORT

A SON EXC. M. LE MINISTRE DE L'AGRICULTURE, DU COMMERCE
ET DES TRAVAUX PUBLICS,

SUR

## L'ASSAINISSEMENT

INDUSTRIEL ET MUNICIPAL

DANS

## LA BELGIQUE ET LA PRUSSE RHÉNANE.

Le présent Rapport a été rédigé en exécution de la décision ministérielle du 2 janvier 1864, prise sur l'avis du Comité consultatif des Arts et Manufactures.

L'ordre et les divisions adoptées sont conformes au programme développé dans la dépêche du 9 avril 1865, relative à un travail analogue sur l'Angleterre. On a fait rentrer dans ces divisions quelques sujets non dénommés audit programme, mais dont l'étude avait été laissée à l'initiative du rapporteur. On a été également amené à citer divers faits concernant la Hollande et autres États limitrophes.

On a réuni dans des notes séparées, à la suite du Rapport, les détails qui auraient trop chargé la rédaction ou qui ne rentraient pas directement dans le cadre tracé. De ces derniers sont quelques considérations sur la législation, qu'il a paru difficile de passer complétement sous silence, parce qu'elle se lie aux progrès de l'assainissement.

---

Les travaux industriels, envisagés dans leur plus grande généralité, comprennent non-seulement ceux des fabriques ou des industries proprement dites, mais encore certaines opérations qui se rattachent à la vie des cités, comme l'évacuation des résidus, l'éclairage au gaz, les sépultures, etc. Les uns et les autres peuvent agir de plusieurs manières sur la santé publique, tantôt en affectant directement les ouvriers qui les accomplissent, tantôt en corrompant l'air, les eaux ou le sol. De là divers points de vue sous lesquels nous avons à examiner les moyens d'assainissement pratiqués dans la Belgique et la Prusse rhénane, soit dans l'ordre industriel, soit dans l'ordre municipal :

1° Opérations insalubres pour les ouvriers ;
2° Infection de l'atmosphère générale ;
3° Infection des atmosphères limitées ;
4° Infection des eaux ;
5° Infection du sol.

### I. Opérations insalubres pour les ouvriers.

Les procédés employés pour garantir la santé des ouvriers sont loin, assurément, d'être aussi nombreux qu'on doit le souhaiter. Ils témoignent cependant, en Belgique surtout, d'une préoccupation visible d'améliorations. Depuis la célèbre *Enquête sur la condition des classes ouvrières* (*), de louables efforts ont été faits dans cette voie.

---

(*) Bruxelles, 1848, 3 vol.

La législation belge a nettement consacré le principe de l'intervention administrative : des dispositions récentes établissent le droit, pour l'autorité publique, de veiller à ce que les règles de l'hygiène soient observées dans l'intérieur des ateliers. Sans doute un trop grand nombre d'établissements laissent encore beaucoup à désirer, mais la surveillance des *Inspecteurs de l'État* y détermine chaque jour de nouveaux progrès. Cette institution, de date récente, paraît avoir porté d'excellents fruits; aussi lorsque l'autorité centrale a abandonné aux Conseils provinciaux et communaux la juridiction des établissements insalubres, elle a formellement réservé ses droits en ce qui concerne le mandat de ses inspecteurs (Note *a*). Nous aurons, du reste, occasion de revenir sur ce sujet, quand nous traiterons des industries par rapport au voisinage.

Dans la Prusse rhénane, les principes sont semblables : toutefois l'application est plus imparfaite. Ainsi on y retrouve la même inspection gouvernementale, mais les fonctionnaires qui l'exercent sont d'un ordre moins élevé. Partant, leur influence auprès des industriels est moins considérable. En outre la répugnance peu éclairée que manifestent les manufacturiers allemands pour laisser visiter leurs établissements, rend nécessairement les communications moins intimes.

Nous examinerons successivement les principales opérations où des mesures hygiéniques ont été introduites.

*Céruse et autres sels de plomb.* — La fabrique la plus remarquable et la plus importante de Belgique est celle de M. Brasseur, à Gand. La question de salubrité y a été étudiée avec beaucoup de soin. La fonte du plomb a lieu dans une chaudière entourée d'une enveloppe de tôle que surmonte une hotte en communication avec la cheminée. L'épluchage et le broyage des écailles de céruse se pratiquent au moyen de jeux de cylindres disposés dans des bâtis fermés. L'ensemble de ces appareils est analogue à ceux qu'on voit dans la fabrique de M. Lefebvre, à Moulins-Lille, citée à bon droit comme un modèle.

Une autre amélioration, plus sensible encore, a été réalisée par M. Brasseur. Elle consiste dans le broyage à l'huile, qui supprime plusieurs opérations des plus dangereuses, la mise en pots, le dépotage, le travail du séchoir, l'empaquetage et l'embarillage. Le broyage à l'huile se fait à peu près comme en France, notamment chez M. Bezançon, à Paris. La céruse demi-humide est introduite dans un pétrin mécanique avec une quantité convenable d'un mélange formé d'un tiers d'huile de lin et deux tiers d'huile d'œillette. La pâte ainsi obtenue est passée entre des cylindres broyeurs qui lui donnent la ténuité voulue.

Chez M. Delmotte-Hooreman, à Mariakerke-lès-Gand, la transformation du plomb en céruse s'effectue par un procédé qui a l'avantage de simplifier beaucoup les manipulations auxquelles donnent lieu le démontage des tas et le grattage des lames par la méthode hollandaise. On suspend les lames de métal dans des chambres closes, et on fait arriver de la vapeur d'acide acétique, de l'air et de l'acide carbonique fourni par du coke en combustion. Au bout de trente ou trente-cinq jours l'attaque du plomb est terminée et l'on ramasse sur le sol des chambres une céruse extrêmement blanche et très-régulière. Ce même procédé est employé dans la fabrique de Rheinbroke (Prusse rhénane).

Aux environs de Dusseldorf, où se trouvent plusieurs fabriques, on remarque l'introduction du broyage à l'huile et du broyage sous l'eau. L'assainissement y est d'ailleurs moins complet que chez M. Brasseur.

Les fabriques d'acétate de plomb laissent en général beaucoup à désirer. Aucune mesure spéciale n'y est prise et tout se réduit à quelques soins de propreté recommandés aux ouvriers.

*Blanchiment des dentelles.* — L'industrie des dentelles occupe un grand nombre d'ouvrières en Belgique. Le blanchiment à la céruse offre naturellement tous les dangers inhérents à l'emploi de ce sel de plomb. Les accidents sont assez nombreux pour que vers la fin de l'année 1861 le gouvernement belge ait saisi le Conseil supérieur d'hygiène publique de la question de savoir si l'usage de la céruse devait être absolument proscrit de cette branche d'industrie. Sous l'empire de cette préoccupation, de nombreux procédés ont été essayés pour parer aux inconvénients observés. Nous citerons les deux suivants, qui sont appliqués dans quelques maisons.

L'un se résume à remplacer le carbonate de plomb par le sulfate, lequel, à cause de son insolubilité plus grande, expose moins au danger d'intoxication. Cette substitution a été proposée par M. Le Roy, membre de la Commission médicale du Brabant, à la suite d'un grand nombre d'essais portant sur des substances qui avaient le défaut de jaunir ou de ne pas adhérer.

L'autre procédé tend à faire exécuter le battage mécaniquement, au moyen d'un appareil dû à M. Meerens et appliqué dès l'année 1861 dans la maison Allaire, à Bruxelles. Cette machine, dont la disposition intérieure rappelle celle d'un orgue de Barbarie, consiste essentiellement en une caisse hermétique, dans laquelle se glisse l'espèce de portefeuille garni de feutre blanc qui reçoit les fleurs à blanchir. L'ouvrière n'a qu'à tourner extérieurement une manivelle. Par la rotation d'un rouleau de bois muni de tenons, des lattes pourvues de ressorts d'acier battent et frappent le portefeuille qui contient les fleurs saupoudrées de blanc de céruse. Ce n'est pas une solution complète de la difficulté, puisque l'ouvrière reste exposée au contact du plomb avant et après le battage. Le travail des *appliqueuses* et des *attacheuses*, par exemple, conserve tous ses dangers. Néanmoins il y a là un progrès notable, qui sans doute se généralisera,

*Tôle émaillée.* — L'émaillage de la tôle est toujours insalubre, quelle que soit la composition de l'émail, à cause des poussières minérales qui se produisent quand on saupoudre les objets. Cette insalubrité augmente nécessairement beaucoup quand l'émail renferme, ce qui est le cas le plus fréquent, du plomb et même de l'arsenic.

L'attention publique à Bruxelles fut éveillée sur cette industrie, il y a trois ou quatre ans, à l'occasion d'accidents arrivés à des personnes qui avaient fait usage d'ustensiles émaillés au plomb. M. Delloye Masson, le principal fabricant de cette ville, se vit obligé de transformer ses procédés de fabrication, sous peine de perdre sa clientèle ou même d'encourir les sévérités administratives. Aidé des conseils d'un habile chimiste, M. Stass, il parvint à éliminer le plomb et l'arsenic, et aujourd'hui il applique, à l'intérieur des vases, un composé complétement exempt de ces deux substances et pouvant rivaliser, sous le rapport de la beauté et de l'économie, avec les émaux plombeux (*). Le nouvel émail est presque aussi blanc et aussi brillant que l'ancien. Il coûte, à poids égal, un peu plus du double, mais il couvre une surface presque triple, si bien que malgré une augmentation de main-d'œuvre on réalise une légère économie. Aussi M. Delloye Masson finira-t-il sans doute par l'appliquer à l'extérieur du vase aussi bien qu'à l'intérieur. Quoi qu'il en soit, l'état présent constitue déjà une amélioration sanitaire, puisque l'ouvrier ne travaille plus la matière plombeuse que par intermittences. En outre, le nouvel émail s'est prêté à une application à l'état pâteux au lieu d'être employé sous forme pulvérulente, en sorte que, de ce côté, l'inconvénient des poussières minérales a disparu.

---

(*) M. Delloye Masson, n'ayant pas encore pris son brevet en France, nous a témoigné le désir de conserver secrète la composition de son nouvel émail. Le procédé sera d'ailleurs bientôt connu.

*Allumettes phosphoriques.* — Les fabriques d'allumettes offrent habituellement quelque disposition en vue d'atténuer les inconvénients des vapeurs phosphorées. Le principe est le même partout, la ventilation. Ainsi à Grammont et à Lessines, où sont concentrées de nombreuses fabriques, la fusion de la pâte et le trempage s'effectuent sous des hottes munies de cheminées d'aspiration. Mais ce moyen est très-imparfait par suite de la difficulté que fait naître la pesanteur spécifique du gaz à enlever.

Un seul établissement, de création toute nouvelle, celui de M. de Roubaix, à Hémixem près Anvers, présente des conditions d'assainissement vraiment remarquables. L'officier du génie, M. Genis, qui a dirigé les travaux, a fait une large et intelligente explication de la ventilation artificielle, en ayant soin de la faire agir partout de haut en bas; en même temps il a établi entre les diverses opérations une division méthodique de nature à en atténuer le plus possible les dangers. Cinq bâtiments séparés, pour l'emmagasinage des matières premières, pour le soufrage, pour la préparation de la pâte phosphorée, pour le trempage, le séchage et la mise en boîte, et enfin pour l'expédition du produit, constituent la fabrique proprement dite. Ils sont tous aérés au moyen d'une grande cheminée centrale de 2 mètres de diamètre intérieur à la base et de 56 mètres de haut, qui reçoit les flammes des appareils à vapeur et, en outre, si besoin est, celles d'un foyer spécial. Le long des deux faces contiguës de chaque bâtiment règne extérieurement un carnau souterrain en maçonnerie de 60 centimètres de côté, qui débouche à la cheminée. Partout où le phosphore séjourne, une ouverture, pratiquée dans le mur et communiquant par un petit conduit au carnau souterrain, donne issue à la vapeur délétère, sans lui permettre de se répandre dans l'atelier. Les dispositions prises pour saisir le gaz varient d'ailleurs selon la nature de l'opération. Ainsi, pour la préparation de la pâte, on a une hotte large et basse, dont l'aspiration est encore activée par les flammes du petit foyer de fusion.

L'atelier de trempage et de séchage, qui offre le plus de danger, est particulièrement soigné. C'est une belle salle de 20 mètres sur 15 mètres, dont l'allongement est prévu. Sur les deux côtés longs sont disposés les séchoirs, au nombre de dix-huit, ayant chacun 1$^m$,80 de large, 5 mètres de profondeur et 2$^m$,50 de hauteur. Ils communiquent au carnau de ventilation par de triples orifices au niveau du sol et reçoivent l'air extérieur par des cheminées ouvrant au-dessus du toit. Ils sont chauffés par trois tuyaux de vapeur placés sous le plancher, qu'on démasque à volonté à l'aide de registres manœuvrés du dehors. L'aspiration est également réglée à volonté. Devant chaque rangée de séchoirs court un petit chemin de fer venant de l'atelier de fusion et se rendant au bâtiment d'expédition. Un chariot en fer reçoit la pâte toute préparée et la présente successivement devant les séchoirs. A chaque point de stationnement un orifice d'aspiration pratiqué dans le sol entraîne les vapeurs au carnau. Le trempage se fait rapidement et les cadres sont aussitôt placés dans les séchoirs, dont les portes en fer sont soigneusement refermées. Le milieu de la salle est réservé à la mise en boîtes. Sous les tables sont pareillement ménagées des bouches d'aspiration. Enfin les boîtes terminées sont chargées en wagon et transportées au lieu d'expédition.

Vu la rapidité des opérations, le très-court séjour du phosphore dans la salle et l'énergie de l'aérage, on peut espérer que cet atelier sera à peu près exempt d'inconvénients. Du reste, M. Genis est décidé à accroître la puissance de la ventilation jusqu'à ce que la salle soit tout à fait assainie.

Ce bel établissement commence sa fabrication sur le pied de 5 millions d'allumettes par jour. On compte quadrupler plus tard ce chiffre et substituer graduellement au phos-

phore blanc le phosphore amorphe ou même les pâtes non-
phosphorées.

*Fulminate de mercure.* — L'école de pyrotechnie d'Anvers (autrefois à Liége) emploie pour la préparation de ce
produit un appareil dû à M. Chandelon, professeur à l'Uni-
versité de Liége, et qui atteint très-bien le double but
que s'était proposé son auteur, savoir : prévenir les fuites
de gaz à travers les joints des tourilles ; dispenser de l'usage
du siphon ou du démontage des pièces pour l'extraction
des liqueurs obtenues. On sait en effet que la nature véné-
neuse des produits rend cette dernière opération très-dan-
gereuse pour les ouvriers.

L'appareil d'Anvers est ainsi constitué :

Deux ballons en verre à épaisses parois d'une capacité
de 4o à 5o litres, reçoivent les matières premières. La
partie supérieure du col porte un collier en bois, recouvert
d'une feuille de plomb, lequel s'adapte à frottement avec
le tuyau formant l'origine du condenseur. Celui-ci se compose d'une dizaine de tourilles en grès, de 9o litres de capacité environ, dont la dernière communique à un tuyau
fixe qui entraîne dans la cheminée les vapeurs non condensées. Tous les colliers de joints sont munies d'une rainure, faisant fermeture hydraulique, dans laquelle on a
soin de renouveler l'eau froide à mesure que celle-ci
s'égoutte graduellement dans l'intérieur des bonbonnes.
Enfin chaque vase porte à sa partie inférieure un robinet
qui déverse les liquides de condensation dans un conduit
en grès placé sous le sol de l'atelier et débouchant au *bac
à saturer* en plein air.

Les deux ballons sont chargés à tour de rôle. Quand la
réaction engagée dans l'un d'eux est terminée, on détache
le tube qui s'implante sur la première bonbonne à condenser ; on bouche avec soin l'orifice ainsi découvert et on
commence une nouvelle réaction dans l'autre ballon. De la

sorte le travail est à peu près continu, sans que jamais pourtant on livre passage aux vapeurs dans l'atelier.

*Chlorure de chaux, blanchiment au chlore.* — Les chambres à fabriquer le chlorure, en Belgique et en Prusse, ne sont pas en général disposées de manière à ce que les ouvriers y pénètrent pour faire le chargement ou le déchargement. Le travail s'effectue du dehors, au moyen d'instruments convenables ; dès lors il y a beaucoup moins de danger. Toutefois, on doit tendre à ce que les chambres soient aussi exemptes que possible de chlore au moment de l'ouverture.

Chez M. Kumps, à Bruxelles, dont la fabrique est d'ailleurs parfaitement tenue, on résout simplement le problème en ayant une chambre supplémentaire, ce qui permet de laisser chacune des autres au repos pendant deux ou trois jours avant de défourner. A la *Société des fabriques de produits chimiques réunies* de Mannheim, les ouvriers ont à pénétrer dans les chambres. On les ventile préalablement au moyen d'un tuyau de plomb communiquant à la cheminée. Deux heures avant de décharger on entr'ouvre les portes et on démasque l'orifice d'échappement.

Dans la grande papeterie de M. Godin, à Huy, où l'on blanchit au chlore gazeux les chiffons les plus grossiers, on fait arriver le gaz dans des caisses en grès, parfaitement mastiquées, qui peuvent être mises en communication avec une cheminée centrale d'une dizaine de mètres d'élévation. On établit ainsi une vive aspiration avant l'ouverture. Cette salle de blanchiment, bien que contenant huit caisses de très-grandes dimensions, dont cinq en activité et une en déchargement au moment de notre visite, était presque exempte d'odeur.

*Concentration de l'acide sulfurique.* — L'évaporation de l'acide sulfurique à l'air libre ou même sa concentration

dans des vases de platine sont un élément d'insalubrité
pour les ateliers. Les vases de platine les mieux établis
livrent passage à travers leurs joints à une proportion notable de vapeurs irritantes.

M. Henri Godin, à Stolberg, a remédié de la manière la
plus heureuse aux inconvénients de l'évaporation, en effectuant cette opération dans un véritable four à réverbère
où la sole est remplacée par un bassin en plomb à double
paroi enveloppé de maçonnerie. Entre les deux parois cir-
cule un courant d'eau froide. L'acide est introduit par un
petit tuyau dont le débit est réglé à volonté, et il s'écoule
du côté opposé par une sorte de siphon ayant sa prise près
du fond. Le liquide est ainsi maintenu dans le bassin à un
niveau constant. L'acide, à mesure qu'il se concentre, se
rend à la partie inférieure où il se refroidit et alimente
continuellement le siphon, qui le débite à un état de lim-
pidité remarquable. Les impuretés sont brûlées ou nagent
à la surface, et les vapeurs sont emportées dans la cheminée avec les flammes du foyer. Cette disposition est em-
pruntée au Hanovre, où les premières applications en ont
été faites à Lunebourg.

Chez M. de Hemptinne, à Molenbeck-Saint-Jean, près
Bruxelles, la cornue de platine servant à la concentration
est entourée de maçonnerie. Le dôme est percé d'un vaste
orifice recouvert par une plaque en plomb très-hermétique.
Dans le vide ainsi ménagé, entre la cornue et son enveloppe,
plonge un tuyau en plomb qui entraîne les vapeurs à la
cheminée.

Dans la fabrique de Mannheim on applique ce dernier
procédé avec un perfectionnement. Au lieu d'envoyer directement à la cheminée les vapeurs recueillies, on les
fait passer d'abord dans un appareil de condensation qui
en retient la majeure partie.

*Bleu d'outremer.* — Le broyage des matières premières

et le tamisage du bleu fabriqué donnent lieu à beaucoup de poussières, qui exercent à la longue une fâcheuse influence sur les ouvriers. Chez M. Brasseur on a adopté la méthode par voie humide, qui supprime ces inconvénients. Chez M. Leverkus, près Opladen, ces opérations se pratiquent dans des appareils clos où agissent des ventilateurs. On cite cet établissement comme un modèle, au point de vue de la salubrité. Les fours à calciner le mélange y sont construits avec beaucoup de soins : les parois sont épaisses et les joints bien mastiqués, afin de prévenir l'introduction des vapeurs sulfureuses dans l'atelier. Les gaz qui se produisent pendant la calcination se rendent dans le carnau des flammes du foyer, où ils se brûlent en partie, et de là vont à une grande cheminée (*).

Dans la fabrique de Dusseldorf les meules à broyer sont à découvert. On y introduira probablement le procédé par lixiviation.

*Sulfate de quinine.* — On connaît le mal singulier auquel sont sujets les ouvriers qui travaillent la quinine et dont le remède spécial est encore à trouver. L'assainissement de la fabrication est donc doublement précieux. La grande usine de M. Zimmer, à Sachsenhauzen, près Francfort, offre, sous ce rapport, des perfectionnements du plus haut intérêt.

Dans la préparation de la quinine toutes les opérations sont dangereuses, mais plus particulièrement le broyage et le tamisage de l'écorce de quinquina, ainsi que la purification du sulfate brut. Les poussières dans un cas et les vapeurs dans l'autre produisent des effets analogues. En ce qui concerne le broyage, M. Zimmer a introduit quelques précautions bien simples qui atténuent beaucoup les incon-

---

(*) Nous devons ces renseignements à l'obligeance de M. Wortmann, chimiste à Dusseldorf. M. Leverkus se refuse absolument à laisser voir son usine, dont tous les procédés sont tenus secrets.

vénients. Les écorces sont humectées d'eau sous la meule.
Les matières broyées tombent dans une caisse où une chaîne
à godets les reprend et les déverse dans un blutoir renfermé dans une enveloppe bien close. La poudre tamisée
est précipitée dans les caves où sont établis tous les appareils d'extraction. Les ouvriers se trouvent ainsi à peu près
soustraits au contact des substances. Quant à la purification
du sulfate brut, les cuves à évaporer sont également dans
de bonnes conditions. Au lieu d'être placées dans l'atelier
commun, où leurs vapeurs agiraient sur un grand nombre
d'ouvriers, elles sont enfermées dans un local distinct, et
fonctionnent sous une hotte pourvue d'une bonne cheminée
d'aspiration.

L'extraction, bien que moins dangereuse que les opérations précédentes, n'est cependant pas inoffensive. Sans
entrer dans le détail chimique des procédés employés par
M. Zimmer, procédés qu'il désire tenir secrets, nous pouvons dire que, contrairement à ce qui a lieu dans d'autres
établissements, tous les appareils sont parfaitement clos,
et le travail marche de lui-même, sans l'intervention de
l'ouvrier. Une fois le chargement effectué, l'opération est
abandonnée à elle-même jusqu'au moment où l'on vient
retirer le produit. L'atelier est presque toujours désert.

La salle de distillation est admirablement installée. Tous
les joints sont fermés avec un tel soin qu'on ne sent aucune odeur. Pour prévenir toute chance d'incendie les becs
de gaz qui éclairent la salle envoient leurs flammes dans
des tuyaux débouchant au-dessus du toit.

En somme, la fabrique de M. Zimmer paraît être la mieux
tenue de l'Europe, au point de vue de la salubrité. Les ma-
ladies y sont devenues très-rares.

*Aiguisage des aiguilles et des épingles* (*). — L'aiguisage

---

(*) Nous ne parlons pas de la coutellerie, parce que l'aiguisage
s'y fait à la voie humide. En Belgique et en Allemagne on a re-

des aiguilles donnait lieu à de tels accidents, à Aix-la-Chapelle et aux environs, que l'attention des pouvoirs publics fut appelée sur cette opération, en même temps que les patrons se voyaient menacés de manquer de bras. Aujourd'hui un règlement de police interdit l'aiguisage à la main à moins que les meules ne soient pourvues de bons ventilateurs. Cette mesure sérieusement appliquée, a provoqué de nombreux procédés qui ont eu pour résultat d'assainir complétement cette branche d'industrie. Nous signalerons les quatre suivants.

Le premier consiste à adapter un ventilateur à la meule ordinaire, sur laquelle l'ouvrier aiguise à la main. Sous des formes diverses c'est le même système qu'en Angleterre (*).

Deux autres procédés, plus parfaits, conservent le ventilateur mais remplacent l'aiguisage à la main par l'aiguisage mécanique. Les machines sont de deux types différents, l'un dû à M. Schleicher, l'autre à M. Neuss. Le principe en est d'ailleurs le même : les aiguilles sont appliquées sur la meule, dans une position analogue à celle que leur donne la main de l'ouvrier, et roulent dans le sens de son épaisseur, de manière à ce qu'arrivant d'un côté elles sortent terminées de l'autre. Dans la machine Schleicher le résultat est obtenu au moyen de deux meules à angle droit, frottant l'une contre l'autre ; dans la machine Neuss au moyen d'une seule meule sur laquelle appuie une bande de gutta-percha. Dans les unes comme dans les autres les poussières sont entraînées vers une enveloppe à l'aide d'une forte aspiration. Ces deux types, bien connus en Allemagne, sont suffisamment désignés par les noms de leurs inventeurs pour que nous en donnions ici la description détaillée.

---

noncé à opérer à sec, en sorte que les dangers des poussières ont presque disparu.

(*) Ce ventilateur ayant déjà été décrit dans notre précédent Rapport, nous nous abstenons de le reproduire ici.

Un grand nombre de fabricants ont cessé d'aiguiser euxmêmes, et livrent à façon leurs aiguilles à M. Schleicher, qui a monté une grande maison d'aiguisage à Schonthahl, près Langerwehr. Les machines de M. Neuss fonctionnent dans plusieurs fabriques, notamment dans celle de M. Printz, à Borcette, une des plus considérables du pays.

Le quatrième système diffère complétement des précédents, en ce qu'il supprime les poussières, et par suite rend la ventilation superflue. Les meules en grès sont remplacées par de petits tambours en acier dont la surface est rayée en limes. Les aiguilles sont introduites à la main sous le tambour et disposées sur un plan d'acier. Le mécanisme est combiné de telle façon que les tambours cessent de tourner aussitôt que les aiguilles sont terminées. Cette ingénieuse machine, due à M. Joseph Graf, sous le patronage de M. Printz, offre le triple avantage de supprimer la poussière, de prévenir l'échauffement des aiguilles et d'annuler le déchet. Mais elle a l'inconvénient de produire beaucoup moins dans un temps donné. Ainsi elle ne fait qu'une fois et demie le travail d'une meule à la main, tandis qu'une machine Neuss, par exemple, fait celui de cinq meules. Il est vrai que la machine Graf est à son début et n'a pas encore dit son dernier mot.

L'aiguisage des épingles présente des inconvénients de deux natures, selon qu'il s'agit d'épingles en fer et en acier ou d'épingles en cuivre et en laiton. Pour les premières les dispositions sont les mêmes que pour les aiguilles. Ainsi chez M. Schumacker, à Aix, où l'industrie des épingles à cheveux et à châles a pris un très-grand développement, toutes les meules sont munies de ventilateurs. Dans cette même usine des dispositions spéciales devraient être prises pour la salle de fusion des têtes en verre. Une soixantaine d'ouvrières, dirigeant chacune un chalumeau à gaz, travaillent sans interruption à former la tête des épingles. Une ventilation mécanique d'une grande énergie est indispensable à un tel atelier.

Les épingles en cuivre et en laiton sont fabriquées dans d'autres centres, à Cologne, à Liége, à Bruxelles. La maison de Modrath, près Cologne, est montée d'une façon très-primitive : l'aiguisage est fait par des ouvriers en chambre, au moyen de tambours à limes sur lesquels les épingles sont appliquées à la main. Aucune précaution n'est prise contre la poussière. Dans les fabriques de Liége et de Molenbeck-Saint-Jean (Bruxelles), de grands perfectionnements viennent d'être introduits. Dans l'une on emploie des machines américaines qui font toutes seules les diverses opérations : elles prennent le fil de laiton enroulé sur la bobine et le rendent sous forme d'épingles parfaitement terminées. L'aiguisage s'opère entre des tambours, dans une caisse bien close. Dans l'autre, l'aiguisage ne se fait pas à couvert; mais le mouvement des tambours et la position de l'épingle sont combinés de façon à ce que les poussières retombent du côté opposé à l'ouvrier. Celui-ci, du reste, n'a nullement besoin de se tenir auprès des meules : il surveille plusieurs machines et va de l'une à l'autre.

*Broyage des écorces.* — Nous avons déjà vu, à propos de la quinine, un exemple de précautions prises contre les poussières provenant du broyage des écorces. Nous allons en citer d'autres.

Chez M. Merck, à Darmstadt, où l'on fabrique en grand des produits pharmaceutiques de tous genres, on a parfois à pulvériser des substances dangereuses, notamment la belladone. Le système adopté est fort simple, mais se recommande par sa parfaite exécution. Une vaste cloche en tôle, exactement jointive, est suspendue au plafond par des chaînes en fer. Habituellement, quand on opère sur de faibles quantités de matières inertes, la meule est à découvert. Lorsqu'on charge de la belladone ou des substances

analogues, la cloche est abaissée et s'engage dans une rai‑
nure circulaire qui entoure le champ du travail ; elle est
relevée seulement quand le broyage est terminé et que
toutes les poussières ont eu le temps de se déposer. M. Merck
n'a pas voulu conserver de portes sur la paroi de la cloche,
parce que, dit-il, quelque soin qu'on y apporte, les parti‑
cules pulvérulentes passent toujours plus ou moins à travers
les joints.

Des dispositions mieux en harmonie avec un travail con‑
tinu ont été adoptées par M. Piret Pauchet, dans sa grande
tannerie de Namur. Cet habile industriel fournit le tan à
plusieurs de ses confrères : aussi son attirail est-il monté
de manière à broyer 600 kilogrammes d'écorce à l'heure.
Le travail est fait par trois paires de meules horizontales.
La matière est introduite par un orifice ménagé dans l'épais‑
seur de la meule supérieure. Chaque appareil est renfermé
dans une enveloppe métallique qui livre passage au tuyau
d'amenée des matières. Un autre tuyau communique à un
ventilateur puissant qui dessert les trois appareils. Les
parties ténues, ainsi enlevées par le ventilateur, sont pré‑
cipitées dans une trémie, située à l'étage supérieur, et au
bas de laquelle on les recueille dans un sac bien serré au‑
tour des parois. Ce procédé permet de séparer les filaments
de la poussière, ce qui constitue un avantage de fabrica‑
tion (*).

*Secrétage des peaux, arçonnage.* — Le secrétage des
peaux destinées à la fabrication des chapeaux de feutre

---

(*) Une autre invention, qui rendrait de grands services aux ou‑
vriers tanneurs si l'expérience la justifie, consiste dans la sup‑
pression du nettoyage des cuirs à la main. M. Piret Pauchet fait
construire en ce moment une machine de laquelle il espère de
bons résultats, et qui effectuerait cette partie si délicate du tra‑
vail de l'ouvrier. Celui-ci serait ainsi soustrait aux émanations
insalubres qui accompagnent le grattage des peaux.

n'est pas une opération très-malsaine par elle-même, malgré l'emploi du nitrate de mercure : car, s'il se développe quelques vapeurs dans les séchoirs, il est vrai de dire que les ouvriers y pénètrent rarement. Mais le coupage et l'arçonnage des poils, qui en sont la suite, donnent lieu à la production d'une poussière mercurielle éminemment insalubre. Les dangers inhérents à ces dernières opérations ont été considérablement atténués par les dispositions prises dans la fabrique de M. Donner, à Francfort. Le coupage des poils ne s'effectue plus à la main, ainsi que cela se pratique encore dans un trop grand nombre de maisons. On y a substitué une coupeuse mécanique à la vapeur. La peau, poussée par l'ouvrier, s'engage entre des cylindres qui, en même temps qu'ils la découpent en fines lanières, ont un mouvement de rotation assez rapide pour entraîner tous les poils et les poussières et les précipiter du côté opposé à l'ouvrier, dans une caisse hermétiquement close. Cette dernière particularité constitue une notable amélioration par rapport aux machines ordinaires, lesquelles sont manœuvrées à la main et laissent échapper les matières susceptibles de voltiger.

L'arçonnage à la corde est remplacé par deux opérations également mécaniques et à peu près exemptes d'inconvénients. Les poils passent successivement à travers huit machines cardeuses, renfermées dans une longue caisse en bois dont la face supérieure est formée par une toile métallique serrée. La plus grande partie des bourres et poussières se fixe dans le treillage, qu'on nettoie de temps en temps. Une certaine proportion de poussière se répand bien encore dans l'atelier, mais elle est infiniment moindre que par le procédé ordinaire, et, en outre, se trouve bien plus éloignée des ouvriers. L'opération suivante, ou soufflage des poils, qui a pour objet de les emmêler et de produire un commencement de feutrage, a lieu à l'aide d'une ventilation énergique qui s'exerce dans une gaîne horizontale en bois,

de 80 centimètres de large, 12 à 15 centimètres de haut et
10 à 12 mètres de long. Les poils refoulés dans ce canal y
subissent le mélangeage et sortent, à l'extrémité, par une
cheminée verticale qui débouche dans une caisse suivie de
trois autres. La dernière est fermée par un grillage métallique serré qui retient les poils et laisse échapper la poussière, dont une partie se fixe, comme dans l'appareil précédent, entre les mailles de la toile. Cette poussière est, du
reste, en faible proportion, par suite du nettoyage préalable, et, en tous cas, se forme à une grande distance de
l'ouvrier qui charge la machine à l'entrée.

*Nettoyage des chiffons.* — Cette opération, pratiquée en
grand dans les papeteries, donne lieu à un fort dégagement
d'impuretés, qui, à la longue, agissent sur les organes
respiratoires des ouvrières. On a imaginé divers appareils
pour améliorer cet état de choses. Ainsi la machine connue
en France sous le nom de *loup* ou *diable*, accolée à un
blutoir mécanique, a pour objet de les dégager dans des
locaux séparés. Nous n'insisterons pas sur ce progrès, de
date déjà ancienne, et qui d'ailleurs a besoin d'être com-
plété par des dispositions additionnelles, telles que le jeu
d'un ventilateur en dehors du blutoir. Nous n'avons pas
rencontré, soit en Belgique, soit en Prusse, d'appareil
de ce genre suffisamment perfectionné. Mais la papeterie
de MM. Godin, à Huy, offre une solution basée sur d'autres
principes et qui paraît tout à fait radicale. On remplace le
nettoyage mécanique par des opérations à voie humide. Les
chiffons, triés d'abord à la main, comme partout ailleurs,
sont mis à digérer dans des cuves pleines d'eau claire, où on
les abandonne un jour ou deux, selon la qualité. On les passe
ensuite sous une machine dite *effilocheuse,* qui travaille
dans un lait de chaux et dont l'action correspond assez bien
à celle du loup, avec cet avantage que les impuretés sont
retenues dans la liqueur. Enfin a lieu le lessivage à la

chaux, tel qu'il se pratique dans la plupart des papeteries. La manufacture de MM. Godin se recommande d'ailleurs par la bonne installation des ateliers, par la propreté qui y règne et par l'attention qu'on donne à tous les détails intéressant la salubrité (*).

*Fermentation de la bière.* — On laisse ordinairement fermenter la bière dans des caves basses et peu aérées. L'acide carbonique qui se dégage forme au-dessus du sol une couche plus ou moins épaisse dans laquelle peut se trouver l'ouvrier qui vient inspecter les bassins. Il est vrai de dire que la cave n'est pas tout à fait fermée pendant que cette réaction a lieu, et que même, si la température n'est pas trop basse, on laisse un libre accès à l'air. Mais cette précaution est de peu d'effet, à cause de la pesanteur spécifique de l'acide carbonique. On a essayé de la ventilation artificielle, mais on a dû y renoncer parce que les courants d'air empêchent ou troublent la fermentation. Voici une bonne disposition prise dans une des principales brasseries de Louvain. Le local destiné à la fermentation des bières blanches est très-spacieux et très-élevé, ce qui est déjà une bonne condition de salubrité. En outre, entre les diverses rangées de tonneaux existent des couloirs dans lesquels s'épanche le jet et se réunit l'acide carbonique. Ces couloirs ont pour profondeur toute la hauteur des tonneaux, et au niveau de l'extrémité supérieure de ceux-ci, règne une espèce de plancher destiné à l'ouvrier chargé de l'inspection des bières. La tête de celui-ci se trouve donc au-dessus de la zone dangereuse de toute la hauteur de son corps. Dans la **grande** brasserie centrale de Mayence on a également

---

(*) Nous devons signaler pourtant l'atelier de fermentation de la colle, où il serait nécessaire d'installer des moyens de dégagement pour l'acide carbonique dont les ouvrières ont assez souvent à souffrir.

adopté de bonnes dispositions pour éloigner l'ouvrier de la couche d'acide carbonique.

*Filatures de lin, de coton et de laine.* — Le travail de ces matières, des deux premières surtout, présente une grande insalubrité par suite des poussières et des filaments végétaux qui se dégagent dans les ateliers aux diverses périodes de la fabrication. Le moyen général employé dans les trois branches d'industrie consiste dans la ventilation artificielle. Celle-ci s'exerce d'ailleurs de deux manières différentes, selon qu'on l'applique aux ateliers eux-mêmes ou directement aux machines qui accomplissent les travaux préliminaires. Souvent les deux modes sont cumulés dans les manufactures bien installés. La Belgique en offre divers exemples; la Prusse rhénane en présente aussi, à Aix-la-Chapelle et à Cologne, mais moins dignes d'être mentionnés.

La filature de lin de la Lys, à Gand, est ce qu'on peut voir de mieux en ce genre. Ce magnifique établissement possède 50.000 broches et occupe 1.700 ouvriers. On s'est préoccupé tout particulièrement de la question du cardage qui, dans la généralité des fabriques, laisse tant à désirer. Nous ne parlons pas du teillage et du foulage, qui se font dans la campagne par les soins des cultivateurs eux-mêmes. Naguère encore le cardage était installé à la Lys dans les mêmes conditions déplorables qu'ailleurs. Aujourd'hui, les vingt-cinq machines à carder sont réunies dans une salle de grandes dimensions, percée de croisées sur les deux longs côtés. Pendant l'été, les cardes fonctionnent à l'air libre, les croisées étant large ouvertes. Mais pendant l'hiver, elles sont recouvertes d'une enveloppe bien close communiquant à un large carnau souterrain qui longe l'atelier et dans lequel agit un ventilateur puissant. Les débris sont expulsés dans cinq puits de 1$^m$,80 de diamètre ouverts dans la cour. Indépendamment de cette disposition. il existe près de chaque machine un tuyau vertical de

15 centimètres de diamètre et d'un mètre de haut qui communique au même carneau et dont le rôle est d'aspirer les poussières qui voltigent auprès de la carde. Enfin, un autre ventilateur moins puissant, situé entre le plafond et les combles, aspire l'air dans la région supérieure de la salle et le lance au-dessus du toit. Il est même question en ce moment d'installer deux petits ventilateurs supplémentaires, aux extrémités de l'atelier, pour compenser la diminution d'effet qui résulte de l'éloignement. Le seul détail qui laisse à désirer est relatif à l'évacuation des poussières dans les puits. Elles n'y sont pas suffisamment arrêtées et quand le vent souffle, elles sont emportées à travers les orifices ouverts des salles voisines. La crainte des incendies empêche de les lancer dans la grande cheminée.

C'est à Gand également que se trouve la filature de coton la plus importante et la mieux combinée, celle de M. Parmentier, qui possède 80.000 broches et occupe 1.100 ouvriers. On ne peut s'empêcher d'y admirer la salle de tissage, qui ne renferme pas moins de 700 métiers à tisser. Les précautions prises contre les poussières, bien que satisfaisantes, sont moins remarquables qu'à la Lys, en ce qu'elles sont d'une application beaucoup plus répandue. C'est en quelque sorte pour mémoire que nous citons les ventilateurs des machines batteuses, car ces appareils se retrouvent aujourd'hui dans toutes les fabriques bien montées.

La filature de laine de MM. Hauzem, Gérard et Cⁱᵉ, à Verviers, est dans d'excellentes conditions. Les machines échardonneuses, qui produisent toujours d'abondantes poussières, sont placées dans un local séparé et sont pourvues de ventilateurs. Ces machines, du système Houget et Teston, constructeurs dans la même ville, ne tarderont pas, il faut l'espérer, à remplacer celles de M. Amouroux, dont beaucoup d'industriels de Verviers font encore usage, et qui permettent aux impuretés de se dégager dans l'atelier. La salle de filage, largement conçue, ne mesure pas moins de

100 mètres de long sur 45 mètres de large. Deux ventilateurs puissants aspirent l'air aux extrémités, tandis que plusieurs bouches distribuées sur le plancher permettent l'introduction de l'air frais. Aussi n'aperçoit-on ni filaments ni poussières voltiger autour des machines. Une particularité que nous ne pouvons nous empêcher de signaler, quoique moins importante pour la salubrité, est relative au séchage. Les laines sont étendues sur une claire-voie formant la face supérieure d'une vaste caisse close de tous les autres côtés. Un ventilateur aspire énergiquement dans l'intérieur de la caisse, tandis qu'un courant d'air chaud est amené contre le plafond du local. Par cette ingénieuse disposition les ouvriers sont soustraits à l'atmosphère toujours un peu malsaine qui règne dans les séchoirs où les vapeurs se dégagent à l'intérieur même de la salle.

Aux filatures de coton et de laine se rattache le tondage des toiles et des draps, qui présente, à un degré moindre, les inconvénients des opérations préliminaires. Le mouvement rapide du cylindre qui porte les tranchants en spirale répand dans l'air le duvet enlevé. Chez MM. Desmet et Lousberg, à Gand, pour absorber la poussière provenant du tondage des toiles, on a introduit des ventilateurs qui ressemblent beaucoup à ceux du batteur. Dans les fabriques de drap, où le désagrément est moins sensible, on se passe de ventilateurs, mais la machine travaille de manière à rejeter la bourre du côté opposé à l'ouvrier.

*Moulage du bronze.* — Nous n'avons observé, ni en Belgique ni en Prusse, aucune précaution spéciale pour mettre les ouvriers à l'abri des fâcheux effets du poussier de charbon. Il résulte des renseignements qui nous ont été fournis que l'usage de la fécule ne s'est pas encore introduit dans ces pays.

*Dispositions diverses.* — Nous nous sommes attachés à signaler les procédés ayant un caractère assez tranché. Mais il existe naturellement un grand nombre de précautions, en quelque sorte élémentaires, dont on fait usage dans les ateliers bien tenus. Ainsi, dans les fabriques où l'on opère sur des substances vénéneuses, une mesure très-répandue consiste à alterner les occupations entre les ouvriers, de manière à ce que chacun d'eux reste peu de temps à la partie insalubre. C'est ce qui se pratique, notamment, pour le fondage du cuivre et du plomb, pour la manipulation des substances arsenicales, pour l'étamage des glaces, etc. On veille aussi à ce que l'alimentation des ouvriers soit convenablement fortifiante. Sous ce rapport l'intervention des inspecteurs du gouvernement, en Prusse, a déterminé des améliorations sensibles dans les fabriques de céruse, de rouge d'aniline, de vert de Schweinfurt, etc. On recommande les vêtements épais; souvent même on oblige les ouvriers à avoir un costume de travail qui ne quitte pas la fabrique. Ces précautions et bien d'autres encore, qu'il serait trop long d'énumérer, sont complétées par des lavages répétés et des bains généraux. On y emploie tantôt l'eau ordinaire, tantôt des solutions sulfureuses. Enfin, dans les établissements importants, un médecin est attaché à la maison, et les ouvriers subissent des visites régulières et gratuites.

Il n'existe pas, comme en Angleterre, d'appareil d'un emploi répandu pour protéger les organes respiratoires contre les poussières ou les gaz. Les ouvriers les plus soigneux se bornent en général à appliquer sur leur visage un mouchoir, une éponge, une touffe de chanvre ou de lin, suivant les cas. Les seules fabriques où, à notre connaissance, on ait adopté un moyen spécial, sont celles de la Société de Mannheim, dirigées par M. Gundelach. On y a utilisé la pompe à air dont on dispose presque toujours dans les grandes industries à moteur mécanique. Les hommes qui ont à pénétrer pour cause de réparation dans les chambres de plomb de l'acide sulfurique ou dans les chambres à chlorure de chaux, alors que les gaz s'y trouvent encore en proportion notable, se coiffent d'une sorte de casque de pompier en carton qui se rabat sur les épaules. Cet appareil est muni d'orifices vitrés pour la vue, et communique à la pompe à air au moyen d'un tube flexible. Pendant tout le temps que dure le séjour dangereux, la pompe entretient une atmosphère d'air pur entre le visage de l'ouvrier et la paroi du casque. C'est dans l'intervalle ainsi ménagé que s'accomplit la respiration. Cette précaution est également en vigueur dans les succursales de la Société, à Worms et à Heilbronn (Wurtemberg).

Le plus souvent on a cherché à rendre tout appareil respiratoire superflu, au moyen de dispositions préventives appliquées à la source même des vapeurs délétères. Nous en avons déjà vu plusieurs exemples dans des industries importantes. Dans les industries d'ordre secondaire, les mêmes principes ont été mis en œuvre, sous des formes variées. Ainsi chez M. Merck, à Darmstadt, où l'on dégage parfois des vapeurs éminemment insalubres, les appareils sont placés dans une guérite hermétiquement close pourvue d'un vasistas et de regards vitrés. L'ouvrier manie les vases en passant les bras à travers le vasistas qui est à hauteur de poitrine, tandis que les gaz sont entraînés par une aspiration à la grande cheminée. Des précautions analogues s'observent chez M. le docteur Marquardt, à Bonn, qui fabrique également des produits pharmaceutiques. De même, dans la construction des grands laboratoires de chimie, tels que ceux de Bonn, de Liége, de Gand, qui par leur importance deviennent de véritables établissements industriels, on commence à se préoccuper très-sérieusement de la question de salubrité. Les locaux affectés au dégagement des vapeurs nuisibles sont construits avec beaucoup de soin, de manière à ce que les gaz soient immédiatement entraînés à la grande cheminée ou dans le cendrier de la chaudière à vapeur.

Nous terminerons ici cette énumération, bien qu'il existe un grand nombre d'autres industries dangereuses pour les ouvriers. Mais les unes n'ont pas été assainies ou ne sont que d'une faible importance ; les autres sont en même temps nuisibles au voisinage, et dès lors seront examinées dans la seconde partie de ce travail.

## II. Infection de l'atmosphère générale.

Le principe de la législation des établissements insalubres, en Belgique et en Prusse, est le même qu'en France : ils sont soumis à la condition de l'autorisation préalable, ce qui entraîne habituellement certaines prescriptions d'ordre technique auxquelles l'usine est tenue de se conformer. Les avis sont très-partagés sur l'opportunité de ces prescriptions. Les actes administratifs eux-mêmes reflètent l'indécision qui règne à cet égard. Ainsi, en 1856, quand il a fallu procéder en Belgique à une nouvelle réglementation des fabriques de soude, le ministre de l'intérieur a repoussé les conclusions de la commission nommée *ad hoc*, lesquelles tendaient à imposer aux fabricants certaines mesures déterminées. L'arrêté royal s'est borné à prescrire l'obligation, pour ces fabricants, de faire disparaître les inconvénients signalés. (Note *b.*)

D'un autre côté cependant les autorisations particulières accordées depuis cette époque ont continué à présenter fréquemment des clauses techniques, qui ont eu quelquefois pour résultat d'embarrasser l'administration supérieure elle-même. Pour n'en citer qu'un exemple, le Conseil supérieur d'hygiène publique de Bruxelles déclarait récemment, à l'occasion d'une fabrique d'huiles de résine qui avait donné lieu à de vives plaintes, « que d'une part les réclamations étaient fondées, mais que d'autre part les conditions de l'arrêté

d'autorisation avaient été fidèlement remplies. » Enfin le
Conseil se reconnaissait impuissant à prescrire aucune
autre condition efficace pour donner pleine satisfaction au
voisinage. (Note c.)

On peut conclure de ces faits que l'opinion n'est pas définitivement fixée sur l'opportunité des clauses techniques
préventives. Il ne serait pas impossible que le gouvernement entrât, du moins pour bon nombre d'industries, dans
la voie que lui recommande un des hommes les plus émi-
nents du Conseil supérieur, M. le docteur Stas, voie qui le
conduirait à se rapprocher considérablement de la coutume
anglaise.

La surveillance, tant en Prusse qu'en Belgique, est assez
fortement organisée. Elle est confiée, pour toutes les classes
d'industries, aux autorités communales qui l'exercent par
les soins de leur architecte ou ingénieur, lequel, dans les
villes de quelque importance, est un homme spécial, com-
pétent en matière d'établissements industriels. Elle est
complétée par l'intervention des inspecteurs du gouvernement. Ces fonctionnaires se transportent sur les lieux pour
toutes les affaires d'importance et éclairent la religion des
autorités locales ou du pouvoir central. Cet ensemble a eu
pour résultat de prévenir les grands abus industriels ; mais
il ne paraît pas avoir stimulé l'esprit d'invention et de re-
cherche au même degré que nous avons remarqué en Angleterre.

Quant aux attributions des agents de la surveillance, elles
sont aussi larges qu'on peut le souhaiter. En Belgique,
par exemple, l'arrêté royal du 20 janvier 1863 leur confère
le droit de « s'assurer en tout temps de l'accomplissement
des conditions qui règlent l'exploitation des établissements
insalubres » (art. 9) ; et « l'industriel soumis à cette surveillance est tenu de produire, à toute réquisition des agents
qui l'exercent, les plans officiels de son établissement et

les documents administratifs qui en règlent l'exploitation »
(art. 14).

*Emploi des grandes cheminées.* — Un moyen élementaire
et général d'assainissement consiste dans l'emploi des
grandes cheminées. Sans atteindre précisément les dimensions colossales de l'Angleterre, certains types sont d'une
belle hauteur. Ainsi les cheminées de Floreffe et de Sainte-
Marie d'Oignies, les deux plus grandes de Belgique et aussi,
croyons-nous, de la Prusse rhénane, ont l'une 100 mètres et l'autre 96 mètres d'élévation au-dessus du sol.
Viennent ensuite quelques cheminées d'une soixantaine de
mètres, et un grand nombre entre 30 et 40 mètres. On est
aujourd'hui d'accord pour reconnaître que plus haute est
l'issue d'une cheminée, moindres sont les ravages exercés
par les vapeurs nuisibles, non-seulement en un point donné,
mais même dans l'ensemble du cercle de leur action. Ce
moyen d'assainissement ne suffisant plus quand la proportion de vapeurs expulsées dépasse une certaine limite, on
a dû recourir à divers procédés spéciaux, que nous allons
décrire.

1° Gaz minéraux.

*Vapeurs nitreuses.* — Leur principale source est la fabrication de l'acide sulfurique. Les procédés d'absorption sont
à peu près les mêmes qu'en France, et la colonne de Gay-
Lussac, avec acide sulfurique concentré, est, quoi qu'on en
ait dit, assez répandue. On en peut voir de bonnes applications chez M. Del Marmol à Risle (Saint-Marc), chez M. de
Hemptinne à Bruxelles, à la Société des fabriques réunies (à
Mannheim et à Heilbronn), etc.

L'établissement de M. de Hemptinne mérite une mention
particulière à cause de la manière ingénieuse dont l'acide
concentré est fourni au condenseur. On sait qu'une des difficultés qui arrêtent les fabricants provient du maniement

même d'un liquide aussi corrosif. Pratiquement, l'élévation de l'acide au niveau supérieur de la colonne et la bonne répartition à opérer sur la surface des matériaux qui la garnissent, ne sont pas exemptes d'inconvénients et même de dangers qui dégoûtent de l'emploi du procédé. M. de Hemptinne, qui soigne sa fabrication en véritable artiste, a résolu la question de la manière suivante.

Le système élévatoire se compose d'une trompe à vapeur et de deux bonbonnes en grès, dont l'une un peu au-dessus du niveau supérieur de la colonne, c'est-à-dire à 8 mètres de hauteur, et l'autre à mi-distance. La trompe fait un vide de 40 millimètres de mercure, plus que suffisant pour faire monter l'acide dans la première bonbonne. L'aspiration est ensuite produite dans la seconde bonbonne, et le liquide monte d'un vase dans l'autre. Là un robinet le déverse dans un conduit de plomb de 20 mètres de long, parcouru dans le même sens par les vapeurs des chambres, qui s'y condensent en partie. Vapeurs et liquide se rendent à la colonne, qu'ils traversent ensemble et où l'absorption se complète. Pour rendre la distribution aussi égale que possible sur la surface des matériaux, l'acide passe par un tourniquet hydraulique en verre à trois branches, percées chacune de quatre trous, lequel pivote sur un mortier d'agate. La tige verticale est maintenue dans une semelle de plomb, qui l'emprisonne sans frottement. Le tout est recouvert d'une cloche en verre bien hermétique. Cet appareil qu'on serait tenté de prendre pour un joujou, tant il est soigné, fonctionne avec une régularité parfaite, sans entraîner jamais de réparation (*).

Le garnissage de la cascade a été aussi l'objet d'une amélioration, imitée dans quelques autres usines, par exemple

---

(*) Comme le tourniquet débiterait un peu trop d'acide, son mouvement a été rendu intermittent au moyen d'une bascule du système Perrault.

à Saint-Marc. Au lieu d'employer le coke, qui a l'inconvénient de se briser et de se tasser à la longue, ou les fragments de briques, qui n'offrent pas une assez grande surface de contact, M. de Hemptinne se sert de boules creuses en grès, de 15 centimètres de diamètre, percées de cinq trous à la partie supérieure. Par cette disposition, les boules se remplissent à moitié d'acide, et présentent une grande surface de condensation, tant à l'intérieur qu'à l'extérieur. Elles reposent sur un grillage établi à une certaine distance du fond. Un appareil ainsi monté travaille en quelque sorte indéfiniment sans qu'on soit obligé d'y retoucher. Nous avons pu constater à plusieurs reprises l'absorption parfaite du gaz nitreux.

Dans les usines où l'on ne concentre pas l'acide sulfurique, on conserve la colonne Gay-Lussac, garnie de matériaux divers, et l'on y injecte parfois de la vapeur d'eau pour favoriser la réaction. Les gaz vont ensuite à la grande cheminée.

Quelques industries particulières, notamment la fabrication de l'acide azotique du commerce, donnent lieu à des dégagements nitreux. On les combat en les dirigeant sous les cendriers ou à travers une solution caustique, ou plus fréquemment encore en les envoyant simplement à la cheminée principale.

*Acide chlorhydrique.* — Les dommages à la végétation causés par l'acide chlorhydrique des fours à soude ont, à plusieurs reprises, appelé l'attention des pouvoirs publics. On se rappelle la célèbre enquête de 1855 sur les fabriques de soude de la province de Namur. Le rapport de la commission, publié en 1856, fut l'origine d'une série de perfectionnements introduits dans la fabrication. En Prusse où, à vrai dire, les inconvénients n'ont été nulle part aussi sensibles, on a eu à s'occuper cependant de cette catégorie d'établissements. A Barmen, à Erberfeld, à Duisburg, à Mannheim, la culture a souffert de leurs émanations.

Les principes auxquels on s'est arrêté, dans l'un et dans l'autre pays, pour prévenir l'émission de l'acide dans l'atmosphère, sont les suivants :

Attaquer le sel marin dans des fours complétement à l'abri du contact des flammes ;

Condenser le gaz muriatique dans des appareils spéciaux présentant de grandes surfaces d'absorption ;

Dégager le condenseur à l'air libre, au lieu de le faire communiquer à la cheminée, afin de ne pas précipiter la circulation du courant absorbable.

Toutes les fabriques sont loin encore de remplir cette triple condition, mais elles y tendent, et il y en a peu qui n'aient au moins adopté les nouveaux fours et qui ne pratiquent de quelque façon la condensation. Les dispositions des condenseurs diffèrent d'ailleurs selon les établissements. On peut les grouper sous trois types distincts : l'un que nous appellerons l'ancien système, formé exclusivement de bonbonnes ; l'autre, ou nouveau système, consistant en tours maçonnées de grande hauteur ; et le troisième, ou système mixte, composé à la fois de bonbonnes et de tourilles de dimensions moindres.

L'usine de Florelle, près Namur, est la plus haute expression de l'ancien système. Les fours à décomposer sont à double moufle. L'acide traverse une série de soixante bonbonnes en terre cuite, unies entre elles par de longs ajutages en forme de cols de cygne à grande section, qui ont chacun près de 5 mètres de longueur. L'objet de cette disposition est d'offrir au gaz une très-vaste surface de condensation. Cela n'empêche pas qu'une proportion sensible d'acide échappe à l'appareil et se dégage dans la grande cheminée. On doit cependant reconnaître que le système est établi avec tout le soin désirable.

Les nouveaux condenseurs fonctionnent avec beaucoup de succès dans les usines de la Société de Mannheim. Celle

qui est sise en cette ville possède quatre tours carrées de
20 à 25 mètres de haut sur $1^m,20$ de côté, construites en
grès des Vosges bouilli dans le goudron. Ces tours sont
pleines de coke jusqu'aux quatre cinquièmes de leur hauteur. Une pluie d'eau froide tombe continuellement à la
partie supérieure, tandis que le gaz les parcourt de bas en
haut. Chaque tour est surmontée d'une petite cheminée débouchant à l'air libre et donnant issue à une quantité insensible d'acide. Les établissements de Worms et de Heilbronn dépendant de la même Société, possèdent chacun
trois tours semblables et en sont également satisfaits.
M. Gundelach, qui s'est beaucoup occupé de la question,
estime que c'est le seul type d'appareils qui puisse remplir
complétement le but.

Le système mixte existe dans des conditions exception-
nelles chez M. Kumps, à Bruxelles. Les fours sont à double
mouffle. Les gaz de l'une et de l'autre opération sont recueillis indistinctement dans les mêmes condenseurs et traversent successivement : 1° deux colonnes de $5^m,50$ de haut,
remplies de pierres réfractaires, où l'on injecte de l'eau
froide; 2° trois rangées de douze bonbonnes chacune;
3° quatre colonnes de 4 mètres de haut, entre lesquelles le
gaz se divise en deux courants, et qui sont garnies de
pierres comme les premières; 4° une cuve souterraine remplie d'un lait de chaux que remue un agitateur mécanique
et dans lequel le gaz est forcé de barbotter; 5° enfin une
cascade ou colonne de 8 à 9 mètres de haut, fonctionnant
comme les précédentes et communiquant à la cheminée.
M. Kumps affirme, et nous le croyons sans peine, qu'au débouché de la cascade le courant rougit à peine le papier
de tournesol. Cette usine peut, du reste, être citée comme
un modèle au point de vue de la condensation des gaz. On
n'y sent d'odeur nulle part.

Ces divers types d'appareils sont plus ou moins répandus,
selon les localités. Bien que le système des tours soit encore

le moins usité, on peut prévoir qu'il ne tardera pas à se substituer aux deux autres. Plus simple et d'un entretien moins coûteux, il donne d'aussi bons résultats que le plus parfait d'entre eux.

*Acide sulfureux* (*). — Les principales sources d'acide sulfureux sont la fabrication de l'acide sulfurique, le raffinage du soufre, le grillage des sulfures métalliques et la combustion de la houille dans divers foyers industriels.

Le dégagement d'acide sulfureux à la sortie des chambres de plomb peut devenir très-considérable, lorsque la proportion d'air introduit s'éloigne de certaines limites déterminées. Il y a quelques années encore, dans la plupart des fabriques de Belgique et dans bon nombre de celles de Prusse, la quantité de soufre perdu dans l'atmosphère s'élevait à 25 et même 50 p. 100 du soufre brûlé. Depuis lors de notables améliorations ont été réalisées, ayant toutes pour objet de régler l'admission de l'air dans les chambres La plus importante consiste dans la suppression à peu près universelle des fours à dalles et dans leur remplacement par les fours à grilles du système anglais. Aujourd'hui la proportion de soufre perdu ne dépasse pas 6 à 7 p. 100. M. de Hemptinne, à Bruxelles, a même réussi à rendre cette proportion nulle ou peu s'en faut, au moyen d'une disposition très-simple, qui nous paraît susceptible d'une certaine généralisation. Cet habile industriel a reconnu, par des expériences multipliées, que la perte d'acide sulfureux cessait quand l'oxygène de l'air était maintenu en excès dans les chambres, et quand cet excès ne dépassait

---

(*) Nous avons donné quelques développements à cette question, dont l'étude avait été recommandée par le Comité consultatif des arts et manufactures. Le rapporteur, M. le Châtelier, dans la séance du 25 octobre 1865, s'était exprimé ainsi : « Il reste à faire, « sur la condensation de l'acide sulfureux, des recherches très- « intéressantes. »

pas 2 ou 2 et demi p. 100. En conséquence il introduit directement, à la sortie du four de grillage, de l'air supplémentaire dans le courant gazeux, par un tuyau implanté sur le carnau d'échappement. On veille d'ailleurs à ce que la marche du four soit aussi uniforme que possible, en masquant plus ou moins les orifices dont les portes de chargement sont percées. M. de Hemptinne pousse même le soin jusqu'à envelopper le four d'une couverture en tôle dont le rapprochement ou l'éloignement permet de rendre la température à peu près constante.

Le raffinage du soufre entraîne des pertes d'acide sulfureux provenant soit des chambres de condensation, soit des appareils de distillation. Dans la fabrique de MM. de Wyndt et Cie, à Merxem, près Anvers, on a pris beaucoup de précautions pour prévenir ces dégagements, et on est arrivé à perdre moins de 1 p. 100 du soufre brûlé. Les chambres condensatrices n'offrent rien de particulier comme construction. L'amélioration est due au soin extrême avec lequel on veille à la marche des opérations, de manière à conserver une production de vapeur de soufre à peu près constante, et à laisser le dépôt s'effectuer complétement avant de déboucher aucun orifice. Quant à l'appareil distillatoire, il est exempt de l'inconvénient de laisser brûler du soufre au moment du chargement et du nettoyage des chaudières. Il se compose d'une cornue lenticulaire en fonte d'une seule pièce, communiquant avec un manchon encastré dans la maçonnerie et muni d'une valve qui sert à empêcher l'air de pénétrer dans la chambre lorsqu'on retire les matières terreuses de la cornue. A la partie supérieure du fourneau se trouve une chaudière ovale, chauffée par la flamme perdue du foyer et communiquant avec la cornue par un tuyau coudé qu'on ferme à volonté. On charge le soufre dans la chaudière : aussitôt qu'il est fondu, on le laisse écouler dans la cornue avec toutes les matières étrangères qu'il contient et l'on charge de nouveau la chaudière. Quand le soufre

contenu dans la cornue est complétement volatilisé, ce qui
arrive au bout de quatre heures, on ferme la valve et l'on
retire les matières terreuses, qu'on fait tomber dans un réservoir pour recommencer une nouvelle distillation. Par ce
procédé, la quantité d'air introduite est tout à fait insi-
gnifiante ; dès lors le dégagement d'acide sulfureux est peu
sensible.

L'acide sulfureux provenant du grillage des sulfures ou
de la combustion de la houille a particulièrement fixé l'attention dans les deux pays. On a imaginé divers moyens
d'absorption qui , sans être susceptibles chacun d'une
application générale, répondent néanmoins, par leur ensemble, à la plus grande partie des cas usuels. Nous citerons les quatre suivants, comme les plus remarquables :

Condensation pure et simple dans l'eau ;

Introduction dans les chambres de plomb de l'acide sulfurique ;

Réaction sur des oxydes métalliques ;

Attaque de schistes alumineux.

Le premier, qui a le moins bien réussi, a été appliqué à
l'usine à zinc de Saint-Léonard, à Liége. On avait en vue
d'absorber l'acide sulfureux provenant de la combustion de
la houille dans les fours de réduction de la calamine, ainsi
que divers autres produits, tels que l'oxyde de zinc, le noir de
fumée, etc., qui étaient également emportés hors de la cheminée. Les inconvénients dont souffrait le voisinage étaient
devenus tels, que le gouvernement nomma, en 1859, une
commission spéciale pour étudier et faire cesser cet état
de choses (*).

C'est à la suite de cette enquête que le nouveau système
de condensation a été mis en vigueur. Il consiste essentiellement à recueillir tous les gaz dans l'intérieur d'une

---

(*) M. Chandelon, rapporteur, a rendu compte de ces travaux
dans une intéressante publication, en 1861.

vaste hotte en tôle qui recouvre un groupe de quatre fours, et à les expulser au moyen d'un ventilateur mécanique dans une longue galerie cloisonnée où toutes les parcelles solides et l'acide sulfureux doivent être retenus. Les cloisons, au nombre de dix, sont formées d'un grand nombre de tubes en poterie, horizontaux ou légèrement inclinés, de 60 centimètres de longueur, et dont le diamètre, variable de 12 à 5 centimètres, diminue à mesure qu'on avance, dans le but d'augmenter de plus en plus la surface de frottement. Au devant de chaque cloison se trouve un tuyau de distribution, placé sur la largeur de la galerie. Ainsi humectées et refroidies sur tout leur parcours, soumises à des alternances de vitesse, éprouvant en même temps des frottements multipliés, les fumées se débarrassent successivement des matières qui les chargent, en même temps que l'acide sulfureux se dissout ou se transforme en acide sulfurique. Concurremment avec l'installation du condenseur, il a fallu modifier le système des fours de réduction, qui désormais privés du tirage par la cheminée n'auraient pu conserver une bonne allure. On y a suppléé très-heureusement en instituant un courant d'air forcé, à l'aide de ventilateurs et tuyères.

L'appareil que nous venons de décrire, après avoir donné de bons résultats pendant quelques années, ne fonctionnait plus lors de notre passage à Liége. L'acide sulfurique avait fortement avarié les matériaux et corrodé notamment la plus grande partie des tubes. La Compagnie de la Vieille Montagne s'est appuyée sur cette circonstance pour se dispenser de continuer la condensation. Il est évident d'ailleurs qu'on pourrait, par des précautions convenables, se mettre à peu près à l'abri de ce genre de difficulté. Le véritable obstacle, pensons-nous, est une augmentation du prix de revient, causée par les modifications apportées aux fours.

Le second moyen d'absorption est appliqué avec succès en divers lieux. Chez M. Godin, à Stolberg, la blende est

grillée dans un vaste four à moufle de 26 mètres de long,
sur la sole duquel le minerai est disposé en trois tas distincts, situés chacun devant une porte de chargement.
L'opération est conduite de manière à ce qu'il y ait toujours au moins un tas au repos pendant qu'on ringarde
les autres. On prévient ainsi le trop grand excès d'air qui
s'introduirait si toutes les portes étaient simultanément ouvertes, ce qui entraverait la marche des chambres de plomb
dans lesquelles les gaz sont conduits. Par ce premier
grillage, la blende abandonne environ la moitié de son
soufre, qui est converti en acide sulfurique. Pour expulser le soufre restant, il est nécessaire de recourir à une
température plus élevée. La sole est pourvue d'orifices
par lesquels le minerai est précipité dans trois fours à
réverbère situés au-dessous, dont les flammes servent à
chauffer la moufle où s'effectue le grillage. Les gaz de
cette seconde opération sont perdus pour les chambres et
vont droit à la cheminée.

En Saxe, où les inconvénients dus au traitement des
sulfures étaient très-sensibles, les industriels se sont
vus contraints d'absorber leur acide. On y emploie
assez fréquemment un four à courant d'air forcé. C'est
une sorte de chambre close garnie d'étagères à claire-
voie en briques réfractaires ; le minerai broyé est introduit
par le haut et tombe successivement d'une étagère sur
l'autre, à travers les vides. Sous l'influence du courant
d'air ascendant, lancé à une haute température, le minerai
se grille et descend à la partie inférieure, d'où on le retire.
La totalité du soufre est expulsée et convertie en acide
sulfurique dans les chambres de plomb. Le procédé est applicable à toutes sortes de sulfures métalliques.

A Borbeck, près Mulheim, la Compagnie de la Vieille
Montagne étudie en ce moment des dispositions ayant pour
objet d'utiliser d'une semblable manière l'acide sulfureux
de ses blendes.

Le troisième mode d'absorption, au moyen d'une réaction sur des oxydes métalliques, est pratiqué chez M. Rhodius, à Linz (Prusse rhénane). Le minerai est grillé comme précédemment dans un four à courant d'air forcé, mais les dispositions sont notablement différentes. Le massif du four est divisé en neuf compartiments, par des cloisons verticales en maçonnerie. Quatre de ces compartiments reçoivent le minerai ; les cinq autres, qui alternent avec les précédents, sont consacrés aux foyers, dont les flammes circulent de bas en haut par une série de carnaux horizontaux, et chauffent le minerai par le rayonnement des parois. La matière sulfureuse est distribuée en faibles couches sur des étagères entre lesquelles des tuyères soufflent l'air à une pression convenable. Les gaz, ainsi distincts des flammes, se rendent dans un large carnau en maçonnerie où ils sont rencontrés par un jet de vapeur provenant de générateurs situés au-dessus du massif et chauffés par les flammes perdues. Le courant débouche dans un bassin où s'accomplit la réaction qui constitue la partie originale du système. Ce bassin, d'une superficie de 36 mètres carrés, est rempli de minerai grillé sur une épaisseur de 75 centimètres, supporté par un double fond à claire-voie ménageant un vide de 50 centimètres au-dessous de la charge. C'est dans ce vide que se répand le mélange de gaz sulfureux et de vapeur d'eau, pour de là s'infiltrer à travers le minerai. Au contact des oxydes métalliques, la réaction se fait : l'acide sulfureux se transforme en acide sulfurique, et l'on obtient des sulfates. Au bout de huit jours l'attaque est complète ; on retire les matériaux et l'on met en service un autre bassin. Par ce procédé, applicable à diverses sortes de sulfures, on a pu traiter utilement par voie humide des minerais contenant 1 et demi à 2 p. 100 de cuivre. Les minerais riches servent ainsi à traiter les minerais pauvres. Quant à l'absorption même de l'acide sulfureux, elle est complète, et l'assainissement ne laisse rien à désirer (*).

Le quatrième moyen d'absorption, qui n'est pas le moins ingénieux, est exploité en grand chez M. de Laminne, à Ampsin, près Huy, et à l'usine de Flône, de la Vieille Montagne. Mais il convient de l'étudier chez l'inventeur lui-même. M. de Laminne y a été conduit par le désir d'utiliser d'immenses amas de *terrisses* ou anciens schistes alunifères, qui forment de véritables collines aux environs de Huy. Trois fours à réverbère, affectés au grillage de la blende, envoient leurs gaz dans une même cheminée traînante qui grimpe jusqu'au haut d'une colline de 60 mètres d'élévation. A divers niveaux cette cheminée maîtresse donne naissance à des conduits latéraux qui vont circuler sur des plateaux horizontaux. La circulation se fait en poussant le conduit jusqu'au bout du plateau, puis le faisant revenir sur lui-même en laissant 2 mètres d'intervalle, et ainsi de suite jusqu'à ce que tout le plateau soit sillonné. Au-dessus du réseau ainsi formé on accumule environ 2 mètres de schistes : sur cette nouvelle plate-forme on établit un nouveau réseau avec sa couche de schistes, et l'on continue ainsi de manière à ce qu'on ait trois, quatre ou cinq systèmes superposés.

Les conduits latéraux ont 70 centimètres sur 60 de section. Ils sont construits, soit en pierres sèches, dont les interstices livrent suffisamment passage aux gaz, soit en maçonnerie criblée d'ouvreaux. Ils communiquent les uns aux autres ou sont terminés en cul-de-sac, mais en aucun cas ils ne débouchent à l'air libre.

Les fumées vont dans tous les plateaux à la fois, à l'exception, bien entendu, de ceux qui sont en exploitation. Ce

---

(*) L'appareil ne marchait pas au moment de notre visite, pour des raisons tout à fait indépendantes de sa bonté intrinsèque. Mais le procédé est en pleine vigueur à l'usine de Topplitz, près Laybach, appartenant aux mêmes industriels.

vaste condenseur absorbe les gaz de 5.000 kilogrammes de blende en 24 heures. La totalité des schistes est transformée en sulfate d'alumine au bout de 12 à 15 mois. Pour que la réaction se fasse bien, il est nécessaire que les schistes soient un peu humides. Aussi, quand le temps n'est pas assez pluvieux, on y supplée, soit par un arrosage, soit par une injection de vapeur.

M. de Laminne, qui a étudié la question sous toutes ses faces, a appliqué son procédé de condensation non-seulement au grillage de la blende, mais aussi au grillage des pyrites de fer, des schistes alumineux et même à la combustion de la houille des fours à réduire le zinc. Seulement, dans ce dernier cas, pour qu'il y ait un tirage suffisant, il faut que la cheminée maîtresse conserve un débouché à l'air libre, en sorte que l'assainissement n'est qu'imparfaitement réalisé; tandis qu'avec les sulfures métalliques, la cheminée n'a pas besoin de débouché extérieur : la condensation de l'acide sulfureux suffit pour entretenir le tirage des fours.

En résumé ce procédé est tout à fait satisfaisant. L'emploi n'en est limité que par la difficulté d'avoir sous la main une quantité suffisante de matériaux d'absorption.

*Hydrogène sulfuré.* — Le traitement des eaux du gaz de l'éclairage ne donne pas lieu d'ordinaire, en Belgique et en Prusse, à des dégagements d'hydrogène sulfuré. On y emploie, en effet, le mode de traitement par la chaux, préalablement à l'attaque par les acides, dans des conditions à peu près semblables à celles qui se pratiquent en France.

Mais une source d'acide sulfhydrique, devenue assez abondante depuis quelques années, est la fabrication du chlorure de barium. Chez M. Georges Zimmer, à Mannheim, où le chlorure est obtenu par l'ancienne méthode, c'est-à-dire en passant par le sulfure de barium, la décomposition de ce dernier corps expulse une forte quantité d'hydrogène sulfuré. Pour le moment on se borne à l'envoyer dans une

haute cheminée, en l'aspirant hors des appareils au moyen
d'un ventilateur énergique. Mais cet industriel s'occupe très-
activement de la question, qu'il voudrait résoudre en utilisant le gaz. Il songe notamment à appliquer, en le per-
fectionnant, le procédé de M. Bell, près Newcastle, lequel
consiste, comme on sait, à faire réagir ensemble l'hydrogène sulfuré et l'acide sulfureux. M. Zimmer est d'autant
plus intéressé à la solution, qu'il va se trouver en présence
d'une nouvelle et plus importante source de gaz sulfhydrique
en fabriquant, comme il se le propose, le carbonate de
soude par la réaction du carbonate de magnésie sur le
sulfure de sodium. Malheureusement, jusqu'à ce jour, il n'y
a eu, ni en Belgique ni en Allemagne, aucun essai heureux
d'utilisation de l'hydrogène sulfuré.

M. Henri Godin, à Stolberg, a assaini la fabrication du
chlorure de barium en introduisant la nouvelle méthode
d'après laquelle on obtient ce produit sans passer par le sulfure de barium, mais en attaquant ensemble, au four à réverbère, le sulfate de baryte, le calcaire, le chlorure de cal-
cium et le charbon. Ce qui a déterminé M. Godin à adopter
le nouveau mode, c'est précisément l'impossibilité où il
s'est vu de détruire en grand l'acide sulfhydrique sans faire
courir des dangers à ses ouvriers.

*Ammoniaque.*—La distillation par la chaux des eaux am-
moniacales du gaz de l'éclairage, fort usitée en Belgique et
en Prusse, est fréquemment accompagnée d'un dégagement
d'ammoniaque à l'air libre. Une disposition simple consiste
à munir la chaudière de saturation d'un tuyau qui amène
les gaz en excès sous le cendrier du foyer. On en peut voir
un bon exemple dans la fabrique de sels ammoniacaux de
Molenbeck-Saint-Jean, près Bruxelles.

*Gaz de l'éclairage.* — Les fabriques de gaz infectent l'atmosphère, notamment quand on fait la vidange des caisses

d'épuration. Les matières extraites laissent dégager une
forte proportion de produits incommodes. On n'a fait aucune
tentative pour désinfecter l'intérieur des caisses avant de
les ouvrir. On se borne d'ordinaire à enlever le plus rapidement possible les matières épuisées. Le seul procédé
spécial dont nous ayons eu connaissance a été appliqué à
Ypres. La chaux qui a servi à l'épuration est immédiatement
mêlée aux cendres des foyers. Celles-ci détruisent efficacement toute odeur. Le mélange, conservé dans un couloir
bien ventilé, ne cause aucune incommodité au voisinage, et
est vendu comme engrais.

Quant aux substances employées à épurer le gaz, elles
sont les mêmes que dans les autres pays.

*Briqueteries, fours à coke, etc.* — La question des briqueteries occupe en ce moment l'attention publique en Belgique,
à cause de l'étendue des inconvénients auxquels elles ont
donné lieu. Ces établissements sont concentrés en si grand
nombre à Boom, à Niel, à Hémixem (environs d'Anvers), que
le territoire a été dévasté sur plusieurs kilomètres. Une commission, composée de trois membres du Conseil supérieur
d'hygiène publique, constatait l'année dernière que les
plaintes de la population étaient très-fondées. « En effet, dit
le rapport, il s'échappe presque continuellement des fours
en travail une fumée brûlante, épaisse et suffocante qui,
jetée dans l'air à quelques mètres seulement du sol, rend
les maisons littéralement inhabitables et détruit la végétation. » Cette fumée qui comprend tous les principes qui se
dégagent ordinairement de ce genre de fours, est plus particulièrement chargée d'acide sulfureux par suite de la grande
quantité de pyrites contenues dans la terre employée (*).
Aussi le pays est-il couvert d'un brouillard bleuâtre qui

---

(*) Ces pyrites sont si abondantes qu'on donne une prime aux
ouvriers qui en débarrassent l'argile.

rappelle par son odeur celui qui environne les fabriques de cuivre. La mesure à laquelle on s'est arrêté ne tend à rien moins qu'à transformer cette industrie en faisant disparaître les petits producteurs pour conserver seulement les grands exploitants. En effet, les fours sont désormais assujettis à envoyer leurs fumées dans des cheminées de 30 à 40 mètres, ce qui entraîne un remaniement complet dans le système du four lui-même. La fabrique de M. Plottier, à Hémixem, offre un bon type des nouvelles dispositions. Les fours, au nombre de cinq, ont la forme d'une arche de pont fermée par deux murs en maçonnerie. Leur hauteur est d'environ 8 mètres. Immédiatement au-dessous de la voûte, du côté opposé à la porte d'entrée, un orifice livre passage aux fumées qui descendent par un carnau jusqu'à la rencontre du canal souterrain qui débouche à une cheminée d'une trentaine de mètres. La marche des fours est très-régulière, et M. Plottier trouve que, tout compte fait, l'installation de la cheminée constitue un avantage pécuniaire dès qu'on a quatre ou cinq feux en activité.

Les fours à coke ont également donné lieu à de graves plaintes. On laisse subsister les anciens dans leur état actuel, mais on n'autorise les nouveaux qu'à la condition de dégager dans des cheminées de 15 à 20 mètres.

*Huiles minérales.* — On fabrique une assez grande quantité d'huiles minérales, notamment par la distillation du Bog-Head d'Écosse. Un des établissements les mieux tenus est celui de MM. Washer et C$^{ie}$, à Hémixem. Les appareils distillatoires sont construits avec soin et ne laissent échapper aucune odeur. Les produits se rendent dans de longs serpentins ; les liquides, objets de la fabrication, sont condensés et rectifiés pour être vendus sous le nom de *photogène;* les gaz sont en partie brûlés au moment de leur production et en partie recueillis dans des gazomètres pour servir à l'éclairage de l'établissement. La combustion a lieu dans les foyers mêmes d'élaboration ; le gaz y arrive après avoir traversé des caisses à eau, dont la dernière ne laisse subsister qu'un très-faible volume de gaz entre elle et le foyer, de manière à prévenir toute communication de feu et toute explosion.

2° *Vapeurs organiques.*

Nous désignerons ainsi les dégagements qui se produisent dans le travail des matières organiques, bien qu'il s'y rencontre souvent une forte proportion de gaz minéraux.

*Engrais artificiels.* — La fabrication par la méthode anglaise, consistant à convertir les os en hyperphosphates, a pris une grande extension en Belgique et surtout en Allemagne. Toutefois on ne trouve pas de grands établissements, pouvant servir de modèles au point de vue de la salubrité. En général, on se borne à attaquer le mélange d'os et de phosphates naturels dans des chaudières découvertes : aucun procédé n'est employé pour détruire les gaz et les vapeurs. Un petit nombre d'usines, en particulier celle de Mannheim, opèrent en vase clos, en brassant le mélange dans une sorte de pétrin mécanique. Les gaz sont conduits hors des ateliers au moyen d'un tuyau implanté sur le pétrin et débouchant dans une cheminée d'appel.

Une pratique qui s'est introduite dans plusieurs fabriques, a pour résultat de diminuer les dégagements sulfureux dus à l'attaque des os. Elle consiste à soumettre préalablement ceux-ci à l'action de la vapeur, pendant deux ou trois heures, à une pression de 4 ou 5 atmosphères. Ils deviennent ainsi excessivement friables, sont attaqués très-facilement à froid par l'acide sulfurique, et ne réagissent point sur lui pour le décomposer et former de l'acide sulfureux. Cette pratique est en usage à Stolberg et à Mannheim.

On prépare quelques autres variétés d'engrais avec du sang, du poisson, des os, etc. A Neder Overheembeek, dans le Brabant, MM. Tétard-Féry et C$^{ie}$ opèrent sur ces matières réunies à des substances minérales, sulfate de fer, sel marin, etc. On combat en partie les émanations par les précautions suivantes : 1° les matières organiques ne séjournent dans l'usine qu'après avoir été mélangées avec des substances, telles que le coaltar, qui en préviennent ou en arrêtent la fermentation ; 2° les matières sont acidulées avant d'être soumises aux opérations ultérieures ; 5° la dessiccation s'effectue en vases clos, et les produits gazeux sont conduits dans un foyer incandescent.

*Charbon d'os.* — La fabrique de MM. Albertz et C$^{ie}$ à Biebrich, près Mayence, est la plus intéressante que nous ayons vue. Les os sont calcinés dans des cornues à gaz. Les vapeurs qui s'en dégagent abandonnent leur ammoniaque dans des colonnes de condensation, garnies de coke mouillé. Elles subissent un dernier lavage dans une caisse en grès et se rendent au voisinage du foyer en traversant une boîte à eau. Là un robinet permet de les diriger à volonté sur les grilles ou dans un gazomètre pour l'éclairage de l'usine. Tous les gaz sont si bien utilisés qu'on ne sent pas la moindre odeur.

*Bougies.* — Plusieurs opérations, la fonte des suifs bruts, la saponification, la distillation, donnent lieu à des dégagements très-incommodes. Les principaux établissements ont adopté des procédés de désinfection.

Chez M. de Roubaix, à Borgerhout, près Anvers, la fonte s'effectue encore dans des chaudières découvertes, mais les opérations ultérieures ont été soigneusement assainies. La saponification par l'acide sulfurique a lieu dans des vases clos, munis d'un tuyau en plomb qui débouche dans un carnau communiquant à la grande cheminée. Ajoutons que cette disposition, qui préserve les ateliers des émanations sulfureuses, laisse subsister pour les voisins un juste sujet de plaintes. Les acides gras vont ensuite reposer dans quatre grandes cuves enveloppées de maçonnerie et percées d'orifices qui communiquent également à la cheminée. Les alambics à distiller sont bien établis. Les acides gras se rendent dans des cuves parfaitement closes. Les vapeurs et l'acroléine sont entraînées par un carnau à la rencontre des flammes perdues des foyers au sein desquelles ces vapeurs sont brûlées. C'est dans les mêmes cuves que les acides gras sont nettoyés à la vapeur.

M. de Roubaix Jenar, frère du précédent, dont la belle fabrique à Cureghem-lès-Bruxelles, attire les visiteurs, a cherché dans des précautions préventives le moyen d'assainir son industrie. Ainsi le dégagement d'acide sulfureux a été considérablement atténué par une réduction progressive de la quantité d'acide sulfurique. M. de Roubaix prétend même qu'à la dose de 5 p. 100, à laquelle il est actuellement descendu, la formation du gaz sulfureux est à peu près évitée. Il poursuit des expériences qui ne tendent à rien moins qu'à supprimer entièrement l'acide sulfurique en effectuant la saponification par l'eau, sous une pression de 12 atmosphères. Ce procédé, qui assainirait radicalement l'opération, paraît ne pas rencontrer d'autre obstacle que celui d'obtenir des appareils suffisamment résistants.

Les huiles volatilisées pendant la distillation sont conduites dans un réfrigérant et totalement condensées. Quant à la formation de l'acroléine, M. de Roubaix se fait fort de l'éviter par une surveillance attentive des alambics. On punit les ouvriers lorsque ce produit se développe en notable proportion.

Une autre cause d'infection, provenant du séjour des matières grasses dans le sol des ateliers, est soigneusement évitée par cet industriel. Tous les planchers sont recouverts de sciure de bois qu'on renouvelle fréquemment. La matière encrassée est soumise à la presse pour l'extraction de la graisse, et les tourteaux, contenant encore environ 5 p. 100

de principes gras sont traités au sulfure de carbone dans un établissement voisin.

Les goudrons provenant de la distillation étaient d'abord brûlés sous les foyers, ce qui donnait lieu à une fumée fétide et épaisse. On s'en sert maintenant pour fabriquer le gaz d'éclairage de l'usine.

Un détail qu'il est bon de signaler parce qu'il contribue à l'infection quand il est négligé, est relatif à l'installation des presses à acide stéarique. Le plus souvent les huiles exprimées éclaboussent le sol et lui communiquent à la longue cette odeur particulière qu'on sent au voisinage des fabriques de bougies. Chez M. de Roubaix, rien n'est perdu. Le bâtiment des presses est entouré de larges rigoles métalliques dans lesquelles les liquides se rassemblent pour gagner par un caniveau souterrain l'atelier aux huiles.

Chez d'autres industriels, notamment chez M. Ostermann, à Barmen, près Dusseldorf, on rencontre également de bonnes dispositions.

*Huiles de résine, vernis.* — Cette fabrication a pris en Belgique une extension considérable. La commune de Molenbeck-Saint-Jean, près Bruxelles, était devenue dans ces dernières années presque inhabitable, par suite de la grande quantité d'usines établies en ce point. Aussi le Conseil supérieur d'hygiène les a-t-il astreintes à un règlement général, dont les principales dispositions, appliquées aujourd'hui, ont sensiblement amélioré l'état des choses (Note *d*). La fabrique de M. Demetz, à Molenbeck, offre un des meilleurs types. Les produits provenant de la distillation de la résine se rendent, à l'aide d'un tube coudé parfaitement mastiqué sur la cornue, dans un condensateur bien refroidi. Le liquide condensé s'écoule, au travers d'une lanterne vitrée et fermée, dans un tube de plomb qui se dirige vers des réservoirs en maçonnerie ouverts, creusés dans le sol du magasin, à 25 mètres au moins de l'usine. Les gaz provenant de la décomposition de la résine se rendent, en traversant une soupape hydraulique, dans un foyer servant à la distillation, où ils se brûlent complétement. Ce foyer est d'ailleurs situé hors de l'usine. En somme, les dispositions, tant au point de vue de l'incendie que de l'odeur, sont de nature à être imitées.

Les fabriques de vernis ont adopté des procédés analogues. Les vapeurs sont dirigées dans des foyers. On n'a pas essayé de la condensation, qui a donné cependant de bons résultats en Angleterre.

*Potasse des mélasses.* — Il s'est fondé en Belgique et en Allemagne un assez grand nombre d'établissements qui extraient la potasse des mélasses. Cette opération donne lieu à des odeurs désagréables, soit quand on concentre les vinasses, soit quand on retire la masse incandescente des fours de carbonisation. Pour y remédier, M. Dupont, à Gembloux, près Namur, concentre les liquides en vase clos, à l'aide de la vapeur. Quand ils sont arrivés à une consistance suffisante, ils descendent dans un four à réverbère. La masse incandescente retirée du four ne reste point à l'air libre, mais elle est précipitée dans une sorte d'étouffoir communiquant par un conduit spécial avec le foyer de la chaudière, et où la carbonisation s'achève lentement.

### 5° *Fumivorité.*

A l'examen des procédés ayant pour but de protéger l'atmosphère contre les dégagements industriels, se rattache naturellement la question de la fumivorité.

Ici il ne s'agit plus de détruire des gaz délétères, mais simplement de les décolorer en leur enlevant l'excès de matières charbonneuses qu'ils contiennent. Cet excès tenant invariablement à une combustion incomplète, tous les appareils fumivores doivent satisfaire à la condition fondamentale de rendre la combustion plus complète. Tel est le point

de vue auquel on s'est placé depuis une dizaine d'années,
et qui a mis fin à une foule d'inventions irrationnelles qui
n'étaient propres qu'à retarder la solution du problème.
Sous l'influence des saines idées, on a réalisé une amélioration sensible dans les centres principaux. Toutefois les progrès obtenus sont encore bien incomplets, ce qu'on doit at-
tribuer à l'extrême indulgence avec laquelle les autorités
locales laissent les abus se perpétuer. Il est juste d'ajouter
que nulle part les industries n'étant accumulées au même
degré qu'en Angleterre, les inconvénients ont toujours été
beaucoup moindres. Il ne paraît pas d'ailleurs que l'agriculture ait eu à souffrir des effets de la fumée proprement
dite. Partout où l'on a observé des ravages, comme autour
de certaines briqueteries, de fours à zinc, etc., on les a at-
tribués à l'acide sulfureux et non aux gaz fuligineux eux-
mêmes.

Les fourneaux pouvant donner lieu à de grands dégagements de fumée sont de deux sortes :

1° Ceux dans lesquels on effectue certaines élaborations:

2° Ceux qui servent à chauffer des appareils à vapeur.

Pour les premiers, le seul progrès réalisé consiste dans
l'introduction du système Siemens, lequel a, comme on sait,
pour résultat de diminuer considérablement la fumée, en
même temps que de procurer une économie sensible de combustible (*). C'est surtout dans les verreries, à Namur, à
Charleroi, à Biebrich, à Mannheim, etc., que ces appareils
ont été appliqués. On a fait des essais pour les adapter aux
fours à poteries, mais nous n'avons pas ouï dire qu'on ait
persisté.

Dans les foyers d'appareils à vapeur, on a expérimenté
divers systèmes bien connus en France. Les grilles dites
Taillefer, les injections de vapeur d'eau, l'accouplement des

---

(*) Cet appareil ayant été décrit dans notre Rapport sur l'Angleterre, nous ne le reproduirons pas ici.

foyers, etc., ont des représentants tant en Belgique qu'en Allemagne. En somme, nous avons vu peu d'inventions originales. Il convient cependant de citer une disposition due à M. Chodzko, qui est appliquée, à Bruxelles, dans quelques établissements secondaires, notamment dans la papeterie de M. Asselbergh. Elle se résume à avoir deux foyers successifs, le plus éloigné de la porte étant d'environ 3o centimètres plus bas que l'autre. Le charbon frais est chargé sur la grille la plus haute, où il subit une première distillation; on le fait tomber ensuite sur la seconde grille, où règne la température la plus élevée. C'est le même principe que celui des grilles à gradins.

Un système un peu analogue, imaginé par M. Kindt, inspecteur des industries, a été appliqué pendant quelque temps à l'un des fourneaux de l'hôtel des monnaies. En avant de la porte ordinaire du foyer est ménagée une petite chambre rectangulaire dont la partie antérieure est fermée par une porte. Au fond de cette chambre, c'est-à-dire tout contre les barreaux de la grille, se trouve un registre glissant dans une coulisse, qu'on peut lever ou baisser à volonté. On place le charbon cru dans la capacité comprise entre la porte et le registre; puis, la porte étant bien fermée, on ouvre le registre et le charbon s'éboule sur le bord de la grille où il subit une sorte de distillation. Quelque temps après on introduit un ringard par un petit trou carré pratiqué dans la partie extérieure et l'on étale le charbon éboulé sur la grille, de façon qu'il reçoive le plus complétement possible la chaleur rayonnante du foyer. Le charbon cru commence alors à se décomposer; les fumées, mêlées à l'air qui s'introduit par le petit orifice de la porte se brûlent sur le charbon incandescent. Indépendamment de cette disposition, M. Kindt ménage une ouverture en avant de l'autel, pour fournir au besoin de l'air supplémentaire à la zone de combustion.

M. Langen, constructeur à Cologne, a inventé une grille

à étages, dont l'usage s'est répandu dans la Prusse rhénane et même dans l'Est de la France. Elle se compose de trois séries de barreaux horizontaux superposés, en retraite les uns sur les autres. L'extrémité des barreaux est recourbée de façon que l'ensemble des coudes des trois rangées forme une sorte de plan incliné, depuis la porte de chargement jusqu'à une quatrième série disposée comme une grille ordinaire et constituant le fond du foyer. Les coudes d'une série ne rejoignent pas les barreaux de dessous, mais ils laissent un vide qui permet de faire glisser le combustible entre deux étages. On amène la houille fraîche sur les trois séries de barreaux, jusqu'à la naissance des coudes, de manière à ce qu'elle y subisse une première distillation pendant que le charbon placé sur le plan incliné et sur la grille du fond achève de se brûler. On pousse ensuite la houille sur le plan et l'on recharge du charbon frais à la place.

Une précaution assez répandue pour arrêter les plus grosses flammèches consiste à coiffer la cheminée d'un chapeau qui oblige la fumée à sortir par des ouvertures latérales. Le brusque changement de vitesse ainsi imprimé aux gaz a pour effet de retenir dans la cheminée une portion des particules solides. M. de Roubaix Jenar, à Bruxelles, assure que ce simple détail a mis fin aux plaintes du voisinage.

En résumé, les industriels paraissent aujourd'hui peu favorables à toute espèce d'appareils fumivores. On admet qu'aucun d'eux n'est ni nécessaire ni suffisant pour le but qu'on se propose, mais que la destruction de la fumée dépend surtout des soins et de l'intelligence du chauffeur. On recommande, entre autres choses, l'observation des principes suivants :

1° Avoir une épaisseur modérée de charbon sur la grille, 10 à 12 centimètres, 15 au plus :

2° Éviter la brusque formation d'une trop grande quantité de gaz froids ;

3° Introduire de l'air supplémentaire dans la zone de combustion.

Toutefois, nous le répétons, la pratique laisse encore beaucoup à désirer.

#### 4° *Sépultures*.

Les inhumations s'effectuant ordinairement dans des délais très-courts, de un à trois jours, il ne se produit pas les mêmes inconvénients que nous avons eu occasion d'observer en Angleterre. Dès lors aucune mesure spéciale d'assainissement n'a dû être prise au point de vue du séjour des corps dans les maisons. La seule question qui se soit présentée est relative à la difficulté qu'ont les familles pauvres pour conserver le corps à domicile pendant le temps usuel. Beaucoup d'entre elles n'ont, comme en tout pays, qu'une chambre ou deux pour se loger. Quelque réduite que soit la durée de la garde du corps, la situation est toujours fâcheuse, plus encore sous le rapport de l'humanité et de la décence que sous celui de la salubrité.

C'est pour y porter remède que s'est introduit, en Allemagne, l'usage des maisons mortuaires ou maisons de dépôt pour les morts, à l'entrée des cimetières. Les familles pauvres peuvent y faire garder leurs corps en toute confiance. Ces établissements sont en général très-bien tenus. La grande salle est divisée en cellules, munies chacune d'une cheminée de ventilation. Autour du bras des cadavres est enroulé un cordon de sonnette qui s'agiterait au moindre mouvement ; mais il ne paraît pas que cette sage précaution ait encore été justifiée par l'événement. La maison qui passe pour la mieux installée est celle de Munich ; on cite aussi celles de Francfort, Cologne, Dusseldorf. La répugnance des habitants met obstacle à ce qu'on en tire tout le parti possible. Ils préfèrent le plus souvent conserver leurs morts chez eux, quelques difficultés que fasse naître l'exiguïté du local.

Les cimetières ne présentent pas non plus les dangers spéciaux auxquels ont donné lieu les pratiques anglaises. Ils sont situés hors des villes et dans des terrains suffisamment étendus. Dans les petites communes seulement, on trouve encore des cimetières autour des églises ; mais le nombre en diminue tous les jours.

Le seul fait d'importance pour la salubrité, qui se soit produit récemment en Belgique, relativement aux sépultures, est le déplacement du cimetière de Borgerhout motivé par les travaux des nouvelles fortifications d'Anvers. Il n'est pas inutile de le rapporter, parce que c'est peut-être le cas d'exhumation le plus difficile qu'on ait eu à accomplir depuis le commencement du siècle, et parce que la sagesse des dispositions prises en font un exemple à suivre dans toute circonstance analogue.

Le cimetière était resté ouvert jusqu'au 1er janvier 1861. Le chiffre des inhumations avait dépassé cent soixante par an, et, au dire des fossoyeurs, des cadavres enterrés depuis dix ans répandaient encore une odeur insupportable. La quantité de restes humains était donc très-considérable : elle représentait plus d'un millier de corps. L'évacuation dut être faite assez rapidement, pendant le courant de l'hiver de 1863. Le Conseil supérieur d'hygiène publique prescrivit des mesures très-détaillées, tant au point de vue de la santé des ouvriers que de la salubrité du voisinage. On convint de déblayer le terrain en masse, couche par couche, jusqu'à ce qu'on fût arrivé à la profondeur où reposaient les cercueils. Aussitôt que les odeurs commençaient à se manifester le sol était arrosé avec une dissolution de chlorure de chaux, et le travail était repris sur un autre point jusqu'à ce que les émanations eussent cessé dans le premier chantier. D'abondantes lotions étaient d'ailleurs faites sur les ossements, selon leur degré d'infection, à mesure qu'ils venaient au jour. Quant aux ouvriers, ils furent l'objet de précautions minutieuses. On les avait pourvus de vêtements spéciaux, qui ne quittaient pas le lieu du travail, et qu'on soumettait à des fumigations de chlore toutes les nuits. Nous renvoyons pour plus de détails à la Note *e*.

### III. INFECTION DES ATMOSPHÈRES LIMITÉES.

Dans les espaces clos ou privés d'une suffisante communication avec le dehors, l'atmosphère est susceptible de s'altérer après un temps plus ou moins long, soit par la lente absorption de l'oxygène, soit par la production de gaz délétères ou irrespirables. Ces deux causes d'infection n'ont pas été distinguées pratiquement dans les pays dont nous nous occupons. Les moyens employés paraissent avoir toujours eu pour but de les combattre indifféremment sans s'attacher spécialement à l'une d'elles. Encore même convient-il d'ajouter que pour des cas très-importants ces moyens sont à peu près nuls.

Les effets dont nous parlons sont surtout observables dans certaines catégories de lieux, que nous allons examiner. Nous laisserons naturellement de côté les faits qui n'ont pas un suffisant caractère de généralité.

*Galeries de mines.* — Cette nature d'ateliers nous semblant sortir du cadre de notre étude, nous nous bornerons à rappeler les résultats remarquables obtenus en Belgique. L'assainissement des mines y est une question tout à fait nationale. On peut presque dire qu'on est arrivé aujourd'hui à la perfection; non pas que les procédés offrent quelque particularité inconnue aux autres pays, mais à cause des soins qui président à leur mise en œuvre et de l'usage très-général qu'on en a fait depuis une dizaine d'années. Le mode tend d'ailleurs de plus en plus à devenir uniforme : on renonce au tirage obtenu par des foyers, et l'on emploie presque exclusivement les ventilateurs mécaniques agissant par aspiration. Parmi ces derniers, ceux du système Fabri obtiennent une préférence chaque jour plus marquée.

*Galeries d'égout.* — Les gaz développés dans les égouts présentent d'autant plus de dangers pour les ouvriers que les fabriques y déchargent habituellement leurs résidus liquides, ce qui fournit l'occasion de réactions violentes et instantanées contre lesquelles il n'est pas toujours possible de se prémunir. En outre, dans plusieurs villes les matières fécales vont aux égouts. Dans celles même ou cette pratique est interdite, il est rare qu'un grand nombre de maisons ne soient pas en communication clandestine avec eux. Ces divers éléments d'émanations putrides ont d'autant plus de facilités à se développer que les maisons et les rues sont rarement pourvues d'une distribution d'eau abondante. Aussi dans la plupart des villes de Belgique et de Prusse les odeurs qu'exhalent ces conduits souterrains sont vraiment insupportables. Leur assainissement est donc une question de la plus haute gravité, qui commence à être à l'ordre du jour dans les cités les plus avancées. Quant aux résultats déjà obtenus, ils sont malheureusement peu considérables.

Les moyens employés jusqu'ici sont exclusivement physiques, et au nombre de deux principaux : la ventilation et le lavage.

La ventilation, bien que reconnue excellente en principe, a été pratiquée sur une très-petite échelle ou dans des conditions tout à fait barbares.

Le projet le plus saillant qui ait été produit pour un aérage méthodique est celui de M. Devaux, inspecteur général des mines de Belgique. Cet ingénieur propose d'intercepter systématiquement, au moyen de fermetures hydrauliques, toutes les communications entre les égouts et les maisons ou les rues, et, une fois réalisé cet isolement qui rendrait le réseau des égouts semblable à celui des mines, d'adapter un certain nombre de ventilateurs pour expulser les gaz dans des cheminées élevées. Il a été question d'appliquer ce système à la commune d'Ixelles, près Bruxelles, mais des considérations d'un autre ordre ont fait ajourner cette intéressante expérience. Dans une publication en date du mois de mai 1865, M. Devaux établit que pour la ville de Bruxelles il suffirait de trois appareils d'aspiration, dont l'entretien annuel coûterait moins de 20.000 francs. (Note *f*.)

On a fait quelques applications, mais très-restreintes, des tuyaux d'aérage débouchant au-dessus des toits. A Bruxelles, on en a placé à l'hôtel de ville, aux églises de Finistère et du Béguignage, aux portes de Vannes et d'Anderlecht, au grand théâtre, à la caserne Sainte-Elisabeth, etc. Les tuyaux en poterie ou en grès, de 20 centimètres environ de diamètre, sont adaptés à la voûte de l'égout et dépassent légèrement le faîtage des édifices. A Anvers on a construit un petit nombre de cheminées d'aérage. Certaines font appel d'une manière assez suivie. De temps à autre, surtout en cas d'épidémie, on y fait du feu. Quelques essais ont eu lieu aussi à Liége. On a construit deux cheminées de 40 centimètres de diamètre pour ventiler trois ou quatre égouts à peu près privés d'eau et très-infects. On pourrait citer d'autres faits semblables, mais toujours à l'état d'exception. Bref, on doit considérer ce moyen comme n'étant guère encore qu'à l'état théorique.

La seule manière réellement générale d'aérer les égouts, manière tout à fait primitive, consiste jusqu'ici à ouvrir à l'avance les cheminées de curage pratiquées dans le sol et débouchant sur la voie publique. On enlève les plaques qui les recouvrent, sur des points plus ou moins rapprochés, selon le degré d'intensité des odeurs qu'on redoute, et les ouvriers descendent quand on suppose que l'air est suffi-

samment renouvelé. En certains cas, lorsqu'il faut extraire
des amas considérables d'immondices et qu'on ne peut
compter sur une ventilation convenable, on démolit une
portion de la voûte de l'égout. C'est ce qui a lieu, par
exemple, à Anvers, à Gand, à Mayence.

Une des causes qui ont sans doute contribué à retarder
le progrès en Belgique, c'est que la ville qui devait naturellement lui donner l'impulsion, la capitale, se trouve
placée dans des conditions topographiques qui y rendent
la ventilation des égouts moins nécessaire qu'ailleurs. La
plus grande partie de Bruxelles est bâtie sur une élévation
qui donne aux rues une très-forte pente. On compte que
les deux tiers environ des égouts se vident d'eux-mêmes,
malgré le faible volume d'eau dont on dispose, et que les
ouvriers n'ont pour ainsi dire pas besoin d'y pénétrer. Ce
n'est guère qu'après les forts orages que certains angles de
galeries se trouvent obstrués par les sables. Mais précisément à ce moment l'atmophère y est suffisamment purifiée.
On s'est donc préoccupé très-peu de la ventilation, ou du
moins on n'en a éprouvé le besoin que sur quelques points
déterminés. Ajoutons qu'en Belgique comme en Prusse, les
égouts sont réduits au simple rôle d'évacuateurs. Nulle
part ils ne contiennent les organes de la vie de la cité tels
que conduites d'eau, tuyaux de gaz, etc.; dès lors les ouvriers y circulent moins fréquemment.

La méthode des lavages, qui a non-seulement pour but
d'assainir les galeries, mais encore de supprimer le curage
à bras d'homme, a reçu des applications plus nombreuses
et surtout plus étudiées. C'est à Liége qu'on trouve la plus
haute expression du système. Les ingénieurs distingués qui
se sont succédé au service de la municipalité, MM. Remont, Dumont, Blonden, ont tous apporté les mêmes vues,
et ont graduellement généralisé le procédé en le perfection-
nant. Aujourd'hui, malgré la faible pente de la plupart des
égouts. le curage à bras y est une exception. Le travail est

presque entièrement effectué par des chasses d'eau dirigées à volonté dans l'une ou l'autre partie du réseau. Les eaux dont on dispose sont celles d'une petite rivière assez abondante, la Légia, et celles de plusieurs exploitations charbonnières situées sur des points culminants de la zone suburbaine. On profite aussi, mais seulement pour les parties basses, des eaux de la Meuse provenant de la canalisation de ce fleuve en amont de la ville. Des vannes sont placées à différentes distances dans les égouts, pour former des bassins d'eau successifs. En ouvrant ces vannes alternativement, à des jours et heures déterminées selon les besoins, les eaux sont lancées tantôt dans une direction, tantôt dans une autre. En outre, le grand collecteur qui doit réunir tous les égouts de la ville, et qui est en voie d'achèvement, sera lavé par un courant d'eau continu, emprunté au bassin du Commerce, à raison de 40.000 mètres cubes environ par jour. On ne doute point que ce volume ne soit bien plus que suffisant pour assainir le collecteur et entraîner tous les immondices de la ville, quoique, à Liége, les matières fécales soient déchargées universellement aux égouts.

Le même système se retrouve, à des degrés divers, dans plusieurs villes importantes. A Ostende, le collecteur est lavé par le flux et le reflux de la mer et les égouts ordinaires reçoivent des chasses au moyen des eaux du bassin du Commerce. A Anvers, les égouts principaux pour lesquels on a utilisé les fossés des enceintes successives, sont également visités par la marée, mais les branchements sont privés de lavages. A Gand, on a élevé, au moyen d'écluses et de vannes, les eaux du haut Escaut de 0$^m$,50 et 0$^m$,50 respectivement en été et en hiver, pour faire des chasses régulières ; mais la très-faible pente des égouts et leurs débouchés dans les canaux au-dessous de l'étiage nuisent à l'efficacité du procédé. A Trèves, sur la Moselle, les égouts principaux, à large section, sont lavés d'une manière continue par la rivière. Dans les principales villes de la Hollande méridionale, Amsterdam, Rotterdam et même la Haye, les égouts sont baignés par les eaux des canaux où ils débouchent après de très-faibles parcours. Sur plusieurs autres points, à Aix-la-Chapelle, à Francfort, à Mannheim, le manque d'eau empêche seul qu'on n'applique en grand le système des lavages.

Quant aux procédés chimiques, nulle part on n'en a fait usage. Accidentellement on répand bien quelque désinfectant à l'entrée d'une bouche découverte, dégageant de mauvaises odeurs ; mais ces faits isolés ont en vue exclusivement la salubrité de la surface et jamais celle de l'intérieur. Ils sont d'ailleurs d'autant plus rares qu'on préfère partout se prémunir contre les émanations en fermant simplement les bouches par des appareils hydrauliques ou de toute autre manière.

*Fosses et cabinets d'aisances.* — Les réceptacles des matières fécales sont de plusieurs sortes. On distingue les fosses fixes couvertes, les fosses fixes à ciel ouvert, les fosses mobiles et les puits absorbants, sans parler des égouts eux-mêmes, qui souvent communiquent directement aux latrines.

Les fosses couvertes sont les seules dont le curage puisse offrir de sérieux dangers pour les ouvriers. Comme elles sont encore usitées dans plusieurs villes, à l'exclusion même de tout autre système, on s'est naturellement préoccupé de les assainir. On est arrivé aux mêmes procédés de vidange qu'en France, c'est-à-dire qu'on désinfecte plus ou moins avec des réactifs chimiques, et qu'on opère l'extraction soit à bras, soit à la pompe, soit au moyen des appareils dits *hydro-barométriques*. La ventilation permanente de la fosse est encore à l'état d'exception. Presque nulle part, on ne construit de cheminées d'aérage débouchant au-dessus des toits, cheminées dont l'efficacité, il faut bien le dire, est beaucoup moindre qu'on ne l'avait espéré. Une disposition cependant qui nous paraît mériter d'être citée est celle qu'on trouve dans quelques établissements publics de Belgique. On aère la fosse par le tuyau de chute, qu'on prolonge dans ce but au-dessus du toit, et dont on augmente l'effet au moyen d'une girouette qui, dans ses mouvements, fait tourner un petit ventilateur aspiratoire. Une autre disposition, également recommandable, a été adoptée par M. Hammers, bourgmestre en chef de Dusseldorf, qui s'est étudié à observer toutes les règles de l'hygiène dans la maison qu'il vient de construire. Toutes les opérations rebutantes, entre autres le lavage du linge, sont reléguées dans le sous-sol. Un grand poêle, affecté à divers usages domestiques, y est fréquemment en feu. La fosse est pourvue d'un tuyau d'évent qui débouche dans la cheminée même de ce poêle. L'aspiration, sans être continue, est assez répétée pour prévenir toute mauvaise odeur, ainsi que nous avons pu nous en convaincre.

Les cabinets d'aisances sont le plus souvent assainis au moyen de fermetures étanches empêchant la rentrée des gaz. Sous ce rapport, on peut citer comme un arrangement très-simple, n'exigeant aucun soin d'entretien, le procédé employé dans les prisons cellulaires bâties récemment en Belgique. La cuvette du siége est en faïence ou en grès vernissé. On y dispose une rainure qu'on remplit de sable fin. Le couvercle à tabatière, fermant hermétiquement, est muni d'un rebord qui plonge dans la rainure et intercepte l'issue du gaz. Parfois même, comme à la maison de reclusion de Vilvorde, le couvercle est installé de manière à se refermer par l'effet de son propre poids, dès que le détenu quitte le siége. Les moyens de ventilation, plus rarement appliqués, consistent en un tuyau partant du plafond du cabinet ou de l'intérieur du siége et ouvert sur le toit. On peut voir cette disposition dans le magnifique hôpital d'Aix-la-Chapelle. Il est probable que pour la rendre plus efficace on adaptera à la naissance du tuyau un bec de gaz, aussitôt que cet établissement sera pourvu de ce mode d'éclairage.

Nous passons sous silence, comme étant devenus vulgaires, les lavages opérés par des appareils mécaniques. Ce moyen d'assainissement est aujourd'hui connu de tout le monde, quoiqu'il soit encore peu pratiqué en Belgique et surtout en Prusse.

*Abattoirs, étables, écuries, etc.* — La difficulté de ventiler convenablement ces établissements au milieu des villes, et surtout la grande quantité de gaz qui s'y développent, les placent plus ou moins dans le cas des locaux à atmosphère limitée. Les moyens généraux d'assainissement sont à peu près les mêmes partout et on les retrouve plus ou moins indiqués dans les règlements édictés par les autorités locales. Nous reproduisons à la Note *h*, à titre de spécimen, les dispositions qui régissent actuellement les vacheries de plusieurs villes de Belgique (*). Quant aux abattoirs, ils ne sont habituellement soumis à aucun règlement spécial, étant exploités par l'autorité communale elle-même. Ils sont simplement soumis à la surveillance de l'architecte ou de l'ingénieur de la ville.

Les moyens chimiques, destinés à prévenir l'infection en agissant directement sur les matières organiques, sont encore peu répandus. Le réactif dont on s'est le plus occupé dans ces dernières années est le perchlorure de fer, préconisé par le D$^r$ Kœne, qui a pris des brevets en Belgique et en Angleterre. Ce chimiste a fait de nombreuses expériences, desquelles il conclut qu'une faible quantité de cet agent répandu sur les matières des écuries, des étables, etc., en combat la putréfaction et laisse en même temps subsister toutes les propriétés fertilisantes de l'engrais. Il va même plus loin et

---

(* Le procédé de ventilation décrit dans ce règlement est usité dans plusieurs autres sortes d'établissements.

affirme que l'engrais, ainsi traité, a plus de valeur, parce que les principes volatils sont fixés sans devenir pour cela moins assimilables aux plantes. Il cite notamment à l'appui de ses assertions ce fait, que des cultivateurs de Campenhout sont venus en grand nombre chercher à Bruxelles des engrais désinfectés qui leur ont paru supérieurs aux engrais ordinaires. Nous reproduisons à la Note *i* les conclusions de la commission supérieure, chargée d'étudier la question de l'assainissement de Bruxelles, laquelle a cru devoir donner récemment sa pleine approbation aux procédés du Dr Keene. Si cette manière de voir était confirmée par la pratique, il s'ensuivrait que la désinfection de plusieurs sortes d'atmosphères limitées pourrait être obtenue d'une manière tout à fait économique et peut-être même pécuniairement avantageuse (*). Il suffirait, par exemple, d'humecter de temps en temps la litière des étables avec une solution de perchlorure, et l'on produirait des effets analogues à ceux qu'on a réalisés en Angleterre avec la poudre Mac Dougall.

*Divers.* — Rien de particulier à dire sur l'assainissement d'autres lieux, tels que fosses et caveaux funéraires, caves d'habitation, etc. Les sépultures étant pratiquées *extra muros*, du moins dans toutes les grandes villes, il n'y a pas cet encombrement de cadavres qui exige dans certains pays des mesures de salubrité spéciales. On ne prend donc que les précautions ordinaires consistant, par exemple, à ouvrir les caveaux quelque temps à l'avance et à en essayer l'atmosphère par une chandelle en ignition.

---

(*) Depuis plusieurs années, M. le docteur Keene s'est principalement préoccupé de la fabrication, à bon marché, du perchlorure de fer. Il est parvenu à l'obtenir à raison de 5 francs les 100 kilogrammes, et il n'hésite pas à dire qu'on l'aura à beaucoup meilleur compte lorsque, par suite de la consommation en grand, ce produit sera devenu une annexe de la fabrication du sulfate de soude.

En ce qui concerne les caves d'habitation, elles sont encore
en trop petit nombre pour avoir fixé l'attention publique.
A Bruxelles seulement la cherté croissante des loyers commence à en étendre l'emploi ; mais la municipalité s'est
bornée jusqu'ici à intervenir dans des cas particuliers pour
provoquer des dispositions plus conformes aux règles de
l'hygiène.

## IV. Infection des eaux.

Les habitants emploient à leurs usages domestiques trois
sortes d'eaux : celle des sources ou des cours d'eau, celle
des puits et celle de la pluie. Ces deux dernières constituent
encore l'alimentation exclusive de la plupart des grandes
villes. Dans celles même qu'on a pourvues d'une distribution publique, il est rare que les maisons de quelque importance n'aient pas conservé leur puits et leur citerne (*).
L'eau de puits est préférée pendant l'été à cause de sa fraî-
cheur, et l'eau de pluie est trouvée meilleure pour les la-

---

(*) Dans la maison du bourgmestre de Dusseldorf, M. Hammers,
que nous citons volontiers comme un type, le puits est pratiqué à
l'extrémité du jardin ; il a 6 ou 7 mètres de profondeur et pénètre
dans la couche des graviers du Rhin, où est située la nappe alimentaire de tout le bassin. L'eau est de bonne qualité, très-abondante,
ou pour mieux dire inépuisable : elle sert exclusivement pour la
boisson. L'eau pluviale est recueillie dans un réservoir placé à l'é-
tage supérieur, qui la distribue aux cabinets d'aisances des divers
étages, où les domestiques viennent la prendre pour le service des
appartements. Le trop-plein du réservoir s'écoule par un tuyau
distinct dans une citerne en maçonnerie couverte, établie dans le
sous-sol, laquelle alimente la cuisine et la buanderie, situées dans
le voisinage. Enfin, quand la citerne est remplie, un tuyau envoie
l'excédant dans un puisard ou puits d'absorption, foncé dans le
jardin, à une assez grande distance du puits alimentaire. Ce tuyau
sert en même temps de passage aux eaux ménagères, provenant
soit des appartements, soit de la cuisine, en sorte que l'eau excé-
dante de la citerne contribue à le laver et à emporter les résidus.

vages et la cuisson des légumes. Il convient toutefois d'ajouter que l'usage des eaux de sources est depuis quelques années en voie de développement. Les hygiénistes en recommandent vivement l'emploi ; en outre on en reconnaît la nécessité au point de vue de la propreté générale des villes : il est donc probable que dans un avenir prochain des distributions publiques fonctionneront dans toutes les cités importantes. Actuellement il n'en existe en Belgique que dans trois grandes villes, Bruxelles, Ostende et Liége, et, dans la Prusse rhénane, que dans une seule, à Francfort-sur-le Mein. On est en voie d'en créer sur deux autres points, à Verviers et à Aix-la-Chapelle. Quant aux autres localités, la question est encore à l'état d'étude, plus ou moins avancée. Nous renvoyons à la Note *k* l'exposé de quelques travaux remarquables, qu'on poursuit en ce moment ou dont l'exécution est imminente, pour alimenter de grandes villes.

L'infection dont nous nous occupons en ce moment est spécialement celles des cours d'eau. L'infection des puits nous paraît se rattacher plus directement à celle du sol, qui fera l'objet du chapitre suivant.

Il y a deux grandes causes de corruption des cours d'eau : les résidus des fabriques et les immondices des villes. Ces deux causes confondent souvent leurs effets, car les établissements industriels situés dans l'aire drainée des villes déchargent assez ordinairement leurs résidus aux égouts, en sorte que les eaux sales de ces derniers contiennent à la fois les deux natures de produits.

La multiplication des manufactures, d'une part, et d'autre part l'extension donnée au drainage urbain, ont généralisé cette corruption et l'ont en certains cas portée à un haut degré. Autour de plusieurs grandes villes, les cours d'eau sont non-seulement devenus impropres à la boisson, mais même le poisson a disparu. Leurs bancs recouverts de matières putrescibles deviennent, surtout aux basses eaux,

des foyers d'infection. La Senne à Bruxelles, la Lys à
Gand, la Trouille à Mons, la Vesdre à Verviers, la Vurm
à Aix-la-Chapelle, etc., ressemblent beaucoup plus à de
larges égouts qu'à des cours d'eau naturels. Les industries
elles-mêmes, à Verviers notamment, commencent à en souffrir, et réclament pour leurs opérations des liquides moins
impurs.

Ce que nous avons dit tout à l'heure des moyens d'alimentation encore usités dans ces pays, a rendu les habitants moins sensibles aux inconvénients qui résultent de
l'infection des cours d'eau. En outre, de vastes régions en
sont préservées, par suite de leur heureuse situation géo-
graphique, soit le long du Rhin qui peut recevoir impuné-
ment les résidus des plus grandes villes, soit à l'embou-
chure de fleuves tels que l'Escaut et la Meuse. C'est principalement dans les villes de l'intérieur que la question
a préoccupé les esprits : mais précisément parce que le
mal dont on y souffre n'a pas ce caractère en quelque sorte
national qui frappe en Angleterre, les solutions y sont re-
tardées et manquent encore d'une suffisante généralité. Sur
plusieurs points ce sont des tâtonnements plutôt qu'une
méthode bien arrêtée. On y trouve cependant un trait commun, tout à fait fondamental : partout on renonce à puri-
fier les eaux une fois souillées, mais on cherche à en prévenir la corruption en empêchant les impuretés d'y arriver.
En un mot les moyens sont préventifs et non curatifs (*).

Les procédés déjà appliqués ou encore en voie d'expérience sont de deux sortes : les uns, partiels, s'adressent
exclusivement à certains produits déterminés; les autres,
généraux, s'adressent à toutes les sources d'impuretés, en
entreprenant la désinfection des liquides d'égout qui les

---

(*) Nous ne parlons pas, bien entendu, des dépôts et filtrages
auxquels on peut soumettre les eaux potables comme dans tous les
pays.

réunissent. A ces derniers, qui sont malheureusement les moins répandus, il convient de rattacher les travaux ayant pour but, non de réaliser une désinfection proprement dite des eaux d'égout, mais d'éloigner celles-ci des points où elles pourraient préjudicier à la santé publique et de les placer dans des conditions où les effets salutaires des agents atmosphériques puissent plus facilement s'exercer. C'est ainsi qu'à Mons, Aix-la-Chapelle, etc., on a voûté jusqu'à une assez grande distance des faubourgs, des cours d'eaux servant de collecteurs, pour ne les laisser reparaître à ciel ouvert qu'au milieu de la campagne.

### 1° *Moyens partiels.*

Les moyens particls ont une certaine importance. Ils ont été provoqués par les règlements de diverses municipalités qui mettent obstacle au libre écoulement des résidus industriels dans les cours d'eau. Ils ont aussi été employés en vue de prévenir les actions civiles des riverains situés à l'aval des usines et directement lésés par l'infection. Nous les examinerons successivement.

*Résidus des fabriques de soude.* — C'est une des industries dont on s'est plaint le plus vivement. Elle donne lieu, comme on sait, à plusieurs résidus insalubres : liquides sulfureux s'écoulant des tas de marcs de soude, solutions d'acide chlorhydrique faible provenant de la condensation, et liqueurs de chlorure acide de manganèse dues à la fabrication du chlore.

En ce qui concerne les marcs de soude, les deux procédés principaux sont l'enfouissement méthodique des boues et l'extraction du soufre qu'elles contiennent. Aux fabriques de la Société de Mannheim, l'enfouissement est opéré avec des soins tout particuliers. On a renoncé à les mettre en tas, même dans les conditions réputées les meil-

leures. Le directeur, M. Gundelach fait défoncer le sol à
3 mètres de profondeur : on dépose 2 mètres de marcs et
par-dessus on étend 1 mètre de terre végétale. On plante
ensuite des arbres à croissance rapide. M. Gundelach estime que c'est la seule manière vraiment efficace de prévenir
les inconvénients. Effectivement aucun puits ni cours d'eau
n'est infecté dans le voisinage. Le second procédé, ou
l'extraction du soufre, a été l'objet de bien des recherches.
On applique en ce moment chez M. Godin, à Stolberg, un
brevet wurtembourgeois (*) qui permet, à ce qu'il paraît,
d'exploiter le soufre avantageusement. M. Godin en fait
usage, non-seulement pour ses marcs de soude, mais aussi
pour les résidus analogues auxquels donne lieu la fabrication du chlorure de barium. Il est en pourparler pour le
même objet avec diverses fabriques de soude de Belgique.
Le soufre est obtenu en belles masses cristallisées. Disons
toutefois que ce procédé est loin d'être entièrement satisfaisant pour la salubrité, car, d'une part, on ne retire pas la
moitié du soufre, et d'autre part on est obligé, par la nature même des opérations, de laisser préalablement les
marcs s'effleurir à l'air pendant deux mois pour déterminer une combustion partielle.

L'acide chlorhydrique faible, qu'on obtient avec certains
modes de condensation et qu'on ne peut utiliser convenablement, embarrasse souvent les usines. Les unes, les
mieux inspirées, cherchent à prévenir le mal en modifian
leur système de condenseurs ; les autres recourent à des
expédients variables selon les lieux. Ainsi M. Kumps, à
Bruxelles, neutralise préalablement l'acide par le calcaire,
ou plutôt il condense les restes du dégagement gazeux dans
un lait de chaux ; M. Del Marmol, à Védrin, se borne à
l'envoyer dans des bancs calcaires, éloignés de toute habi-

---

(*) Les inventeurs n'étant pas encore brevetés en France, tien-
nent leur procédé secret.

tation, etc. Quant à l'acide fort, on tend de plus en plus à l'utiliser pour la préparation de produits secondaires.

Les résidus de la fabrication du chlore sont perdus partout, hormis chez M. Kumps, qui révivifie le manganèse par un procédé analogue à celui de M. Tennant, à Glasgow. Les liqueurs évacuées sont neutres et formées essentiellement de chlorure calcique. Dans les autres fabriques, on s'est seulement préoccupé d'expulser les résidus acides dans les conditions les moins défavorables possibles. A Worms, on les fait absorber par un banc crayeux ; à Heilbronn, on les envoie au milieu du Necker, dont l'eau très-fortement calcaire sature promptement l'excès d'acide, sans que les poissons en aient aucunement souffert ; à Mannheim, on construit un canal souterrain de 1.300 mètres pour les rejeter dans la rivière, etc.

*Fabriques de couleurs, teintureries.* — En général les matières colorantes vont aux cours d'eau sans être préalablement dénaturées. Toutefois on commence à se préoccuper des fabriques de rouge d'aniline, qui se sont multipliées en Allemagne depuis quelques années, et qui produisent, comme on sait, des résidus d'arséniate et d'arsénite de soude. Il y a déjà eu, dans les environs de Cologne et de Barmen, de fâcheux accidents par suite de l'empoisonnement des puits. Un des procédés recommandés consiste à transformer les sels de soude en sels de chaux, et à envoyer ces substances peu solubles au sein d'une masse d'eau courante.

A Dusseldorf, des circonstances spéciales ont fait chercher un remède aux inconvénients des teintureries. Ces établissements, très-nombreux dans la ville, ont infecté la Dussel, qui est un des agréments du grand parc public. Le poisson a disparu et les mauvaises odeurs se font sentir au milieu des promenades. On a opéré divers essais pour dénaturer les résidus avec la chaux, mais l'application ne s'est pas géné-

ralisée. Actuellement plusieurs industriels font séjourner les
eaux dans des bassins, d'où elles s'écoulent à travers des
barrages filtrants en charbon. Ce moyen a été reconnu
insuffisant, d'autant plus que pendant la nuit on ne se fait
pas faute, pour accélérer la vidange, de faire passer les
eaux par-dessus les barrages.

*Papeteries.* — Rien de sérieux n'est pratiqué en ce qui
concerne les eaux de lessivage des chiffons et les eaux de
lavage provenant du collage des papiers. Mais une fabrication nouvelle, celle du papier à la paille, donne naissance
à une corruption particulière due à la soude. Les cours
d'eau, sans devenir précisément très-insalubres, prennent
un aspect savonneux qui rebute même les animaux. M. Godin, qui a introduit cette nouvelle industrie dans sa grande
papeterie de Huy, étudie un procédé radical. Il se propose
d'extraire la totalité de la soude des eaux de lavage : déjà
il en retire environ la moitié en opérant sur les liquides les
plus chargés.

*Distilleries.* — Les distilleries de betteraves sont maintenant à peu près abandonnées. Celles de grains et de mélasses sont, au contraire, florissantes. Les résidus pâteux
provenant de la distillation des grains sont, sans exception,
retenus soigneusement et utilisés pour la nourriture des
bestiaux. Les résidus provenant des mélasses sont de nature très-infectante à cause de l'intervention des acides.
Mais les inconvénients dus à leur écoulement aux cours
d'eau ont presque disparu, par suite de l'habitude prise
depuis quelques années d'extraire la potasse qu'ils contiennent. Plusieurs fabriques importantes se livrent à cette industrie. Nous citerons notamment celle de MM. Vorster et
Gruneberg, à Kalk, près Cologne.

*Lavage des laines.* — On peut signaler comme très-heureux pour l'assainissement. quoiqu'ils aient été provoqués par des considérations d'un autre ordre, les résultats déjà obtenus dans le traitement des eaux grasses et savonneuses. La ville de Verviers présente sous ce rapport plusieurs faits intéressants.

Chez MM. Sirtaine et Mélen, qui préparent les laines pour plusieurs fabriques. la laine brute est d'abord passée à l'eau froide pour enlever le suint. La même eau sert deux fois et est ensuite concentrée à consistance sirupeuse. La pâte obtenue est envoyée à la maison Wérotte, de Liége, qui extrait la potasse. Deux ou trois autres fabricants de Verviers suivent les mêmes errements. Les eaux de dégraissage, qui sont perdues chez MM. Sirtaine et Mélen, sont utilisées en partie chez M. Victor Grenade. La laine, au sortir de la cuve à carbonate de soude, passe sous des cylindres qui la compriment fortement. Le liquide qui en découle. saturé de matières grasses et représentant un poids à peu près égal à celui de la laine. est employé comme engrais. M. Grenade en arrose des tas de terre végétale, de fumier de ferme et de débris de bois de teinture. Il se développe dans ce compost une fermentation active qui lui communique des propriétés très-fertilisantes. Enfin on trouve des exemples d'utilisation des eaux de dégraissage des laines filées chez MM. Hauzem. Gérard et Cⁱᵉ. On s'en sert pour l'arrosage des jardins après les avoir convenablement étendues. Ajoutons qu'il vient de se fonder à Verviers une Compagnie au capital de 2 millions, dont une quarantaine des principaux manufacturiers sont fondateurs. dans le but de préparer en grand la potasse du suint et d'extraire les matières grasses au moyen du sulfure de carbone.

Dans plusieurs établissements des environs d'Aix-la-Chapelle et de Cologne. on fait séjourner les eaux grasses dans des bassins. et l'on emploie le dépôt boueux comme engrais. Parfois aussi on extrait la graisse des eaux de lavage et des eaux de foulage et l'on en fabrique du gaz de l'éclairage.

Mais cette dernière opération ne paraît pas très-rémunératrice.


*Fabriques de colle, de gélatine, etc.* — On se borne généralement, dans les fabriques les mieux tenues, à faire passer les eaux dans des bassins de décantation et à utiliser les dépôts pour l'agriculture. A Vilvorde, où est l'établissement le plus considérable de Belgique en ce genre, le système est bien installé. Les liquides sont refoulés par une pompe à vapeur dans un réservoir de 6o mètres de long sur 14 mètres de large, divisé en quatre compartiments. Les eaux s'écoulent de l'un à l'autre à travers des barrages filtrants. Les dépôts boueux sont enlevés régulièrement, mélangés avec de la chaux et des balayures, et employés ensuite comme engrais. Quant aux dernières eaux, à peu près clarifiées, elle s'écoulent à la rivière.

Quelques fabriques de bougies s'étudient à retenir les matières grasses. Celle de M. Roubaix Jenar, à Bruxelles, peut servir d'exemple. Les résidus de la saponification ainsi que les eaux de lavage de tous les appareils en contact avec les graisses s'écoulent par des caniveaux souterrains et sont recueillis dans une série de cuves en maçonnerie. La communication entre ces cuves est établie par des siphons disposés de manière que la plus grande partie des huiles soit retenue à la surface. On les enlève à la cuiller et on les rend à la fabrication.


*Rouissage du lin et du chanvre.* — Cette opération, tant en Belgique qu'en Allemagne, s'effectue encore exclusivement par les voies agricoles. On distingue trois méthodes : 1° à l'eau courante ou dans les ruisseaux : c'est la pratique de la Flandre occidentale et d'une grande partie du duché de Bade ; 2° à l'eau stagnante ou dans les fossés, notamment à Lokeren dans le pays de Waes ; 3° à la rosée ou sur le pré : c'est la coutume du Hainaut et de diverses contrées allemandes.

De ces trois méthodes, les deux premières seules ont des inconvénients, et la seconde plus que la première. On a reconnu en effet, par des observations suivies dans les Flandres, que les eaux courantes n'étaient infectées, ou du moins ne l'étaient à un degré dommageable pour la santé publique, que lorsqu'elles se trouvaient déjà chargées d'autres matières organiques. Tel est, d'après M. Stas, le cas de la Lys, dont l'extrême corruption, pendant la saison du rouissage, est due à la présence simultanée des résidus de distilleries et de raffineries du département du Nord, qui lui arrivent par la Deule.

Nulle part on n'a appliqué de moyen technique pour améliorer les cours d'eau ainsi altérés. On ne s'est, du reste, préoccupé sérieusement de la question que dans les Flandres, où les inconvénients avaient pris des proportions inusitées. Les choses en étaient venues au point que des quartiers de la ville de Gand avaient été rendus tout à fait inhabitables, et que le travail des filatures devenait impossible, à certains moments, par suite des odeurs fétides que répandaient dans les ateliers les eaux de la Lys dont on y fait usage. Après diverses tentatives infructueuses, d'ordre administratif (*), on s'est arrêté à un parti héroïque : on a établi à Deynze, en amont de Gand, un barrage à écluses, au moyen duquel on détourne à volonté dans le canal de Schipdonck à Heyst les eaux corrompues de la Lys qui vont se perdre à la mer du Nord. Ces travaux préservent Gand, mais laissent encore Bruges sans protection, quand on manœuvre extraordinairement le canal de Gand à Bruges, que la dérivation de la Lys traverse librement. Pour y obvier, on s'occupe de construire un siphon qui permettra de

_____________

(*) Telles que l'arrêté royal du 20 juillet 1859, qui a porté interdiction du rouissage dans la Lys, du 10 octobre au 31 décembre

faire passer les eaux corrompues sous le canal (*).

Le rouissage dans les fossés détermine des fièvres palu-
déennes dans le pays de Waes, qui le pratique sur une vaste
échelle. On recommande de renouveler l'eau fréquemment
et de répandre sur les terres cultivées celle qui a déjà
servi. Mais comme d'un côté les eaux disponibles sont peu
abondantes à cette époque de l'année, et que d'autre part
le rouissage paraît se faire d'autant mieux que l'eau est
plus corrompue, cette recommandation est peu suivie.
En thèse générale, on se borne à utiliser les eaux à la fin
de la saison : on les répand alors sur les terres. Encore
même n'est-on pas d'accord sur les bons effets qu'elles
produisent.

La question du rouissage industriel est à l'étude depuis
quelques années, mais n'a pas reçu jusqu'ici de solution pratique. M. Stas, qui s'en occupe tout particulièrement, est
d'avis qu'il faut d'abord *dépailler* le lin au moyen de cylindres cannelés, et ensuite lessiver les fibres en les enfermant
dans des tubes étroits pour empêcher les fils de s'enchevê-
trer les uns dans les autres et de prendre l'aspect cotonneux.

---

(*) Le but sera ainsi atteint en ce qui concerne l'assainissement,
mais non sans grands dommages pour l'industrie et la navigation.
L'ingénieur des ponts et chaussées, M. Colson, chargé des travaux,
nous écrivait récemment :

« Pendant les quatre ou cinq mois d'été, lorsque la corruption
« des eaux est forte, le barrage reste fermé et les eaux corrompues
« sont conduites directement vers la mer du Nord par le nouveau
« canal (de Schipdonck à Heyst). Elles sont donc perdues pour l'in-
« dustrie de Gand et pour l'alimentation de nos voies navigables.
« Les eaux de l'Escaut seules doivent alors desservir les nombreux
« intérêts engagés dans la question ; aussi sont-elles insuffisantes
« pour cet objet, et l'alimentation de nos canaux se fait-elle d'une
« manière fort incomplète, au point que la navigation est souvent
« compromise, surtout pendant les mois d'août et de septembre.
« C'est là une situation déplorable qui nous est faite par la perte
« *complète* des eaux de la Lys, tant que dure le rouissage dans
« cette rivière.... »

Mais il ignore encore si les frais ne seront pas trop
élevés (*).

*Matières fécales*. — Les matières provenant des cabinets
d'aisances jouent un grand rôle dans l'infection des cours
d'eau, soit qu'elles y arrivent directement (**), soit qu'elles
s'y rendent par l'intermédiaire des égouts. Cette branche de
l'assainissement est donc très-intéressée à tous les procédés
qui ont en vue de les récolter et d'en prévenir la déperdition, alors même qu'ils sont inspirés par des considérations
étrangères à la salubrité. Naturellement nous ne nous pré-
occupons pas ici de la préservation du sol et de l'atmosphère, qui peuvent se trouver atteints par les procédés
mêmes qui sauvegardent les cours d'eau.

---

(*) M. Stas, dont l'opinion est d'un grand poids, n'a pas confiance
dans la réussite financière des procédés qui ont été mis en œuvre
jusqu'à ce jour pour produire le rouissage artificiel. « Les méthodes
« ont consisté, nous disait-il, soit à immerger le lin dans une eau
« chauffée à 50 ou 55 degrés pendant cinquante heures et à le sou-
« mettre ensuite à une action mécanique, soit à le traiter par une
« solution chaude alcaline et ensuite à le laver. Mais dans le premier
« cas, l'action mécanique a pour résultat d'altérer sensiblement la
« résistance des fibres. Dans le second cas, il faut tant d'eau de la-
« vage pour emporter les matières qu'on se ruine en frais d'alimen-
« tation. » Il a constaté, au contraire, que le *dépaillage* préalable,
par voie mécanique, n'altère pas la résistance et permet en même
temps de supprimer les deux tiers de l'alcali ainsi que les dix-
neuf vingtièmes de l'eau de lavage. Reste la question des frais oc-
casionnés par l'emploi des tubes ou émis destinés à prévenir l'en-
chevêtrement. C'est là que l'hésitation règne encore et c'est ce qui
empêche de considérer le problème de l'assainissement comme
définitivement résolu.

(**) Le nombre des latrines en communication directe avec les
cours d'eau est encore très-considérable. On peut presque dire que
c'est la règle générale en Belgique, en Prusse, dans la Hollande
méridionale, etc., pour toutes les maisons situées sur le bord des
canaux ou des rivières. Personne n'ignore qu'à Amsterdam et
Rotterdam, la totalité des immondices va aux canaux. A Malines à
Ypres, à Gand, à Liége, à Verviers, à Aix-la-Chapelle, etc., la proportion des latrines déversant directement aux cours d'eau varie
de 5 à 10 p. 100.

Les moyens de récolte des engrais sont à peu près les
mêmes que dans les autres parties du continent. Ce sont
toujours des fosses mobiles et des fosses fixes, plus ou
moins bien installées. Il convient toutefois de citer une
particularité qui est en quelque sorte un trait de mœurs des
classes pauvres en Belgique : nous voulons parler des
*bacs à cendre* qui, sous les apparences les plus grossières,
réalisent une désinfection relativement satisfaisante. De récentes enquêtes ont révélé ce fait, qu'à Liége, par exemple,
plus de trois mille maisons *intrà muros* et quinze cents
au dehors sont dépourvues de fosses et d'égouts. Les habitants de ces demeures ont trouvé, dans les bacs qui reçoivent les résidus des foyers, des fosses mobiles toutes prêtes
pour le service des latrines. Les cendres de houille et l'argile brûlée des *hochets* et *boulettes* désinfectent si complète-
ment les déjections humaines qu'il est impossible de distin-
guer les bacs qui en reçoivent de ceux qui n'en reçoivent
pas. On en charge indistinctement le contenu dans des
charrettes, en plein jour, sans blesser ni la vue ni l'odorat
des passants. Au quartier des tanneurs, dans la même ville,
chaque latrine est pourvue d'un petit coffret contenant du
tan épuisé. Chaque personne, en quittant le siége, jette une
poignée de tan dans le bac, et l'on a reconnu que cette
matière détruit les odeurs au même degré que les cendres.

En résumé, les moyens de récolte, pris dans leur ensemble, n'offrent rien de remarquable. Il n'en est pas de
même de la destination donnée à l'engrais. Sous ce rapport
certaines contrées sont véritablement intéressantes par le
soin extrême dont on entoure l'emploi des matières. La
prédilection proverbiale qu'on prête aux Flamands pour
cet engrais puissant n'a rien d'exagéré. On la retrouve
dans une partie de la Hollande et sur plusieurs points de
l'Allemagne. La description des méthodes suivies nous con-
duisant hors du cadre de ce travail, nous renverrons à la
Note *I* les détails que nous avons pu recueillir sur ce sujet.

2° *Moyens généraux.*

*Procédés divers.* — Un premier moyen général, déplorable au point de vue de la salubrité du sol, consiste dans l'usage des puisards ou puits d'absorption. Nous ne mentionnerions pas ce moyen, très-ancien et très-connu, s'il n'avait pris, en certains points de l'Allemagne, une sorte d'originalité par l'extension qu'on lui a donnée et les soins qui président à son application. C'est à Bonn, et surtout à Dusseldorf, qu'on tire le meilleur parti possible de ce fâcheux système. Dans la dernière de ces villes, la couche absorbante est formée par un lit puissant de gravier, en relation avec le Rhin, qui repose sous 5 mètres de sable et 5 mètres de terre végétale; c'est en même temps le réservoir des eaux potables qui alimentent les puits des maisons.

Les puits et les puisards, exactement maçonnés sur toute leur hauteur, pénètrent à la fois dans le banc de gravier; mais ces derniers sont poussés généralement à 3 ou 4 mètres plus bas que les premiers, afin de préserver autant que possible les eaux alimentaires. On comprend toutefois combien cette protection doit être imparfaite, et que le mélange entre les deux espèces d'eau est inévitable. Voici d'ailleurs comment le système évacuateur est organisé dans les bonnes maisons : Les eaux ménagères, conduites par un tuyau que lave fréquemment l'excédant des eaux pluviales, tombent dans un petit puits étanche de 60 à 80 centimètre de profondeur, recouvert d'une plaque en fonte; une partie des solides s'y déposent et on les enlève tous les deux ou trois mois. Les eaux vont ensuite, par un canal souterrain en briques, dans un puisard de 9 à 10 mètres de profondeur, aussi éloigné que possible du puits alimentaire, et recouvert d'une voûte en maçonnerie sur laquelle on rejette 3 ou 4 mètres de terre, jusqu'au niveau du sol. L'absorption des liquides est indéfinie. Quant aux résidus, ils s'accumulent lentement sur une épaisseur de 5 ou 6 mètres. On estime qu'un pareil ouvrage remplit son objet pendant vingt ou trente ans, sans qu'il soit nécessaire de procéder au curage. Une disposition analogue est adoptée dans beaucoup d'usines. On pousse les teinturiers, qui infectent la Dussel, à y chercher la solution des difficultés présentes.

La ville de Dusseldorf n'est pas près de renoncer à ce système. Elle reconnaît bien les inconvénients que son application, de plus en plus généralisée, entraîne nécessairement pour les eaux potables; mais plutôt que d'y couper court, elle préfère organiser une distribution publique au moyen de galeries filtrantes établies le long du Rhin.

Nous citerons pour mémoire un second moyen, qui n'est évidemment applicable que dans un petit nombre de circonstances; il consiste à noyer les impuretés des égouts dans un flot assez abondant pour que le cours d'eau qui les reçoit cesse d'en être sensiblement infecté. On y a été conduit à Liége par les difficultés qu'a soulevées l'État au sujet de l'évacuation du grand collecteur, qui envoie, à certaines époques, dans le canal de Liége à Maestricht, les matières fécales d'une grande partie de la ville. On a décidé d'y établir un courant continu, à un niveau inférieur aux pieds des égouts tributaires. Le courant sera obtenu au moyen des eaux provenant du bassin du Commerce, lesquelles peuvent être reçues dans le collecteur à raison de 40.000 mètres cubes par jour pour un volume de résidus évalué seulement à 400 mètres cubes. En sorte que, sans compter l'appoint fourni par les eaux mêmes de la ville, les matières, avant de parvenir au canal, doivent être étendues de cent fois leur volume d'eau.

*Procédés chimico-agricoles.* — C'est à Bruxelles et à Aix-la-Chapelle seulement que la question a été envisagée sous son véritable jour. Les études approfondies faites dans la première de ces deux villes ont cela de remarquable qu'elles ont conduit à l'adoption des idées de la nouvelle école anglaise, ce qui est, si nous ne nous trompons, la première confirmation en grand qu'elles aient reçue sur le continent.

Depuis quelques années l'infection de la Senne a atteint un tel degré que non-seulement la partie basse de Bruxelles, mais encore un grand nombre de communes environnantes, ont eu gravement à souffrir du voisinage de la rivière. En 1860, la Commission médicale du Brabant, chargée d'examiner les lieux, s'exprimait ainsi : « Il y a quelques années, « l'eau de la Senne était limpide et peuplée de poissons ; « aujourd'hui la rivière forme une espèce d'égout à ciel « ouvert, que l'industrie et toutes les impuretés de la ville « (les maisons y déversent les matières fécales) alimentent « constamment. Cependant le mal ne fera qu'empirer en « raison de l'augmentation de la population, du nombre et « de l'importance des établissements industriels. L'autorité « compétente ne peut, dans un pays où l'hygiène publique « est à l'ordre du jour, rester spectatrice indifférente d'un « pareil état de choses.»

À la suite de cette enquête une commission spéciale a été nommée le 19 juillet 1861, dans le but de préparer des mesures propres à remédier à la situation. Après deux années de travaux, pendant lesquelles ont été recueillis des renseignements dans plusieurs pays et discutés les systèmes les plus divers, les principes généraux auxquels on s'est arrêté sont les suivants :

Séparer du cours de la Senne, par un ou plusieurs collecteurs, toutes les matières industrielles ou ménagères qui s'y déversent actuellement ;

Désinfecter, après leur sortie de la ville, les eaux provenant des collecteurs avant de les rendre à la rivière ;

Et, comme complément du projet, augmenter le volume des eaux qui arrivent dans la capitale.

Quant aux détails d'exécution, ils n'ont pas été fixés; ils sont laissés à l'appréciation d'un comité spécial qui fonctionne en ce moment, et dans lequel figurent plusieurs ingénieurs distingués. Ainsi, on n'est pas encore tombé d'accord sur le *mode* de désinfection qui devra être employé pour réaliser cette partie du problème. Fera-t-on intervenir les réactifs chimiques, ou emploiera-t-on les eaux à l'état naturel pour arroser des terres cultivées? M. le docteur Kœne a fait des propositions aux termes desquelles il se chargerait de désinfecter les eaux par le perchlorure de fer, à raison de 20.000 francs par an, en conservant, bien entendu, la disposition des engrais ainsi produits. Nous donnons à la Note *m* le compte rendu de la commission chargée d'assister aux expériences de désinfection du docteur Kœne. D'autre part, une Compagnie représentée par M. Keller. qui embrasse d'ailleurs dans un vaste projet d'ensemble divers embellissements de la capitale, met en avant un plan d'irrigation de la Campine au moyen des eaux prises à l'état naturel. On en trouvera l'exposé à la Note *n*. Quelle que soit d'ailleurs la solution adoptée, dans un avenir très-prochain (*), il demeure dès maintenant acquis que les eaux ne pourront retourner à la rivière qu'après avoir subi une purification satisfaisante.

A Aix-la-Chapelle, des questions semblables sont agitées. On commence à se préoccuper de l'infection de la Wurm, où se déversent les égouts, chargés des matières fécales. Comme premier palliatif provisoire, on a décidé le voûtement de la rivière jusqu'à une certaine distance de la ville: mais on voudrait, avec raison, une solution plus radicale. L'utilisation des liquides pour l'agriculture se présente naturellement; toutefois la question est beaucoup moins avancée qu'à Bruxelles.

---

(*) On annonce la remise du Rapport du Comité des travaux pour le courant de l'année 1865.

## V. Infection du sol.

Le sol des villes est infecté par des causes variées :

Par les infiltrations des eaux sales répandues à la surface ou même contenues dans les égouts (*);

Par celles des fosses d'aisances, des puisards et autres dépôts d'ordures;

Par les fuites du gaz de l'éclairage;

Et, d'une manière générale, par une foule de substances organiques, d'origines diverses (**), qui se décomposent loin d'une quantité suffisante d'oxygène.

Cette infection réagit à son tour sur l'atmosphère et sur les eaux potables souterraines et devient ainsi doublement nuisible à la santé publique. Elle est, en outre, accompagnée d'une humidité qui, indépendamment des mauvaises odeurs, constitue par elle-même une cause grave d'insalubrité. Les fosses d'aisances y contribuent au premier chef. Réduites souvent à un simple trou d'ordures, elles infectent les habitations qu'elles avoisinent. Une enquête récente a révélé que dans les Flandres les matières fécales séjournaient fréquemment sous les fenêtres mêmes des apparte-

---

(* Les infiltrations dues aux vices de construction des égouts sont assez fréquentes. Les conséquences en ont parfois été très-fâcheuses. Ainsi, il y a quelques années, à Louvain, les maisons longeant le côté du canal qui donne sur le rempart ont été privées d'eaux potables, parce qu'un des industriels, qui habitait le quartier depuis longtemps, avait laissé, à son insu, pénétrer dans l'égout l'eau acide provenant de l'épuration de l'huile d'éclairage. La maçonnerie, déjà peu étanche, avait promptement livré passage à ces liquides, qui de là s'étaient infiltrés dans les puits.

(**) Un cas assez singulier d'infection s'est produit à Liége il y cinq ou six ans. Dans plusieurs jardins du quartier Saint-Jacques, le sol s'échauffa peu à peu à un tel degré que la végétation finit par y succomber. Les herbes séchaient sur place et les arbres perdaient

ments (*). Les déplorables habitudes hygiéniques d'une grande partie de la population belge ont suggéré au gouvernement, il y a une quinzaine d'années, une excellente mesure, qui a déjà porté ses fruits : nous voulons parler de l'institution des *Prix de propreté* (Note o). Ces récompenses, distribuées aux familles de la classe ouvrière, ont déterminé parmi elles une émulation qui a amené insensiblement sur plusieurs points la disparition des dépôts d'immondices qu'entretenait l'incurie des habitants. Toutefois ce n'est là qu'un remède d'une efficacité bornée, et l'on doit chercher dans l'emploi de divers moyens techniques une solution plus complète de la difficulté. Ceux qu'on a mis en œuvre sont, comme pour les eaux, de deux natures : les uns partiels, les autres généraux. Nous les examinerons successivement.

### 1° *Moyens partiels.*

*Fosses d'aisances.* — On s'est préoccupé d'améliorer les réceptacles des matières fécales. Les soins apportés à la construction des fosses fixes ont conduit à des dispositions qui

---

leurs feuilles. En même temps les caves devenaient impropres à la conservation du vin. On en cite une où le beurre fondait. Ce phénomène, qui s'est reproduit plusieurs fois et qui persiste encore, quoique très-affaibli, sur quelques points, a vivement inquiété la population et provoqué les études du Conseil de salubrité publique de la province. Plusieurs explications ont été proposées, mais aucune n'a paru tout à fait satisfaisante. Celle à laquelle on s'est arrêté attribue l'échauffement à une combustion lente d'hydrogène carboné provenant de quelque houillère des environs. On avait conseillé une sorte de drainage vertical, afin d'aérer et de rafraîchir le sol. On s'est borné à des arrosements fréquents, qui ont à peu près rempli le but par suite de la décroissance spontanée du phénomène.

(*) Le rapporteur de l'Enquête de 1854, M. Schmit, s'exprime ainsi sur la ville d'Ypres : « A d'autres de dévoiler toute l'horreur « qu'éprouve le visiteur des maisons pauvres, dans les cités fla- « mandes, à la vue de l'extrême misère qui y règne. Je me bornerai « à signaler un fait qui intéresse vivement la salubrité publique.

ressemblent trop à celles des autres pays pour qu'il y ait
lieu de les mentionner. C'est le système français, plus im-
parfait dans l'exécution.

On a également été amené à l'emploi des fosses mobiles.
Sans parler des bacs à cendres ou autres appareils grossiers
usités dans dans plusieurs villes, dont il a déjà été question,
nous citerons une disposition due à M. Schmit, ingénieur
à Liége, qui nous a paru la meilleure en ce genre. On l'a
appliquée dans divers établissements publics, notamment à
la maison de reclusion de Vilvorde, aux hospices de Bruxelles
et de Malines, au dépôt de mendicité de Hoogstraeten, à
plusieurs casernes, etc. L'installation de Vilvorde, la première en date, a servi de modèle à toutes les autres. Les
fosses ou tonneaux mobiles sont logés dans une ancienne
fosse fixe, appropriée pour servir de cave. Chaque tonneau
a une capacité de 2 à 3 hectolitres. Assis sur un plateau
garni de roulettes, qui appliquent sur deux rails en bois, il
se manie facilement. Un couvercle à ressort sert à le fermer
et à le luter (quelquefois à l'aide d'un peu de chanvre)
quand il est plein et qu'on l'a dégagé du tuyau de chute.

---

« A chacune de ces habitations est annexée une échoppe partagée
« en deux compartiments, dont l'un sert de latrines, et l'autre à
« remiser les cendres tamisées et les balayures. La fosse d'aisances,
« pratiquée sous le premier compartiment, est simplement un puits
« cylindrique de moins de 1 mètre de profondeur et de 0$^m$,80 de
« diamètre, *découvert, non voûté*. En travers, on a placé une plan-
« che pour poser les pieds. Ainsi là, en toute saison, 5 à 6 hecto.
« litres de matières fécales peuvent être amassés, laissés à décou-
« vert, à deux pas de la porte et de la fenêtre de l'habitation, et
« séjourner des semaines entières, tandis que dans le second com-
« partiment de l'échoppe, les balayures en fermentation ajoutent à
« l'infection de ces misérables demeures. »

Le même rapporteur signale des faits analogues, quoique avec
moins de généralité, dans plusieurs autres villes, à Gand, à Verviers, etc. Nous ajouterons que dans la Prusse rhénane, les maisons
des faubourgs sont souvent très-mal installées sous ce rapport. Il
suffit de parcourir certains quartiers pauvres de Cologne, Mayence, etc., pour être frappé des mauvaises odeurs qu'exhale le sol.

Celui-ci est droit, vertical, composé d'une série de tubes assemblés par des joints de sable sans ciment. Il reçoit les matières de huit siéges, sur quatre paliers superposés, et repose, au niveau du rez-de-chaussée, sur une très-forte pierre de taille. Son prolongement, au travers et au-dessous de cette pierre, se compose d'un fort patin en fonte portant un tuyau à coulisse, en cuivre battu, susceptible d'être allongé ou raccourci à volonté. Une espèce d'écuelle, s'accrochant sous cette dernière partie du conduit, sert, à un moment donné, à en fermer l'issue inférieure. Ces tonneaux donnent si peu d'odeur que le bourgmestre a autorisé les habitants à transporter les vidanges en plein jour dans les rues, à condition que les vaisseaux qui les contiennent soient construits dans le même système. On estime que le prix d'installation des appareils est couvert en trois ans par la vente des engrais.

*Conduites du gaz de l'éclairage.* — L'infection due aux fuites de gaz s'est beaucoup généralisée. Dans les villes comme Bruxelles, qui emploient depuis longtemps ce mode d'éclairage, le sol est aujourd'hui imprégné dans toutes ses parties (*). C'est même devenu un grave sujet de préoccupations pour l'autorité publique. Il y a trois ou quatre ans, une commission d'enquête, dont M. Chandelon était rapporteur, a été nommée en vue d'assujettir la distribution du gaz à des conditions nouvelles. Cette commission a présenté un projet de règlement très-sévère, que le gouvernement hésite encore à sanctionner, et dont une disposition attribue au ministre de l'intérieur le droit de remédier, par telles mesures que bon lui semblera, aux imperfections reconnues dans la canalisation (**).

(*) M. Chandelon évalue à 20 p. 100 la perte du gaz à travers les conduites. La Compagnie parisienne ne la porte qu'à 9 p. 100. Mais M. Chandelon croit ce chiffre très au-dessous de la réalité.

(** Art. 31 du Projet. « Le Ministre de l'intérieur fera constater,

La même commission s'est également préoccupée des infiltrations qui se produisent au siége même des usines. Un fait récent, survenu à Liége, avait attiré l'attention de ce côté. La cuve du gazomètre s'étant fissurée, des eaux fétides avaient graduellement infecté le sol et les puits environnants. Pour en prévenir le retour, les dispositions suivantes ont été adoptées dans la nouvelle usine à gaz de Liége, ainsi que dans celle de Verviers. La cuve est constituée par une cloche en fonte, à rebords de tôle, dont le fond repose sur un sol en ciment, tout à fait étanche. Elle est entourée, à 60 centimètres de distance, par une maçonnerie de 40 centimètres d'épaisseur. Les eaux qui par suite d'accidents pourraient s'introduire à travers la cloche sur le fond cimenté, couleraient à la circonférence, où règne une petite rigole, et seraient conduites dans deux puisards ménagés à cet effet. Le vide annulaire de 60 centimètres compris entre la cloche et la maçonnerie est recouvert d'une plaque en tôle percée de trous d'homme, par lesquels les ouvriers s'introduisent fréquemment pour constater et vider les puisards, s'il y a lieu. Le principe de ces dispositions a été consacré dans le projet de règlement.

L'infection due aux fuites des conduites étant beaucoup plus générale, c'est de ce côté surtout que les efforts ont été portés. Le procédé le plus répandu consiste à renfermer les tuyaux dans des canaux en maçonnerie, et quelquefois plus simplement, mais aussi moins efficacement, à les entourer d'une couche d'argile. Le premier moyen a été appliqué avec succès sous la place Verte d'Anvers, sous les nouvelles plantations du quai d'Avroy, à Liége, dans quelques parties du bois de la Haye, etc. A Dusseldorf, on

---

« lorsqu'il le jugera convenable, la quantité de gaz que laisse
« échapper la canalisation de chaque établissement. Si cette
« épreuve signalait des fuites assez abondantes pour compromettre
« la sûreté ou la salubrité publique, il prescrira les mesures né-
« cessaires pour remédier au mal. »

emploie le second moyen, mais on le trouve insuffisant. Dans d'autres villes, on se contente d'éloigner le gaz autant que possible, et souvent même, comme dans le parc de Bruxelles, on se résigne à s'en passer tout à fait. A Maestricht, on a essayé d'une disposition particulière en employant des conduites en verre. On espérait avoir ainsi une canalisation beaucoup plus imperméable. On y a renoncé depuis six ou sept ans pour divers motifs : 1° le mastic de joint, assez semblable au mastic des vitriers, ne résistait pas à la pression ordinaire du gaz et lui livrait passage ; 2° les tuyaux eux-mêmes souffraient des froids prolongés et se félaient, à moins d'être enfouis à une grande profondeur, etc. Bref, on en est revenu aux anciens tuyaux en fonte.

Les ingénieurs des diverses municipalités s'accordent à reconnaître que tous ces palliatifs sont très-incomplets et que la vraie solution consisterait à placer les tuyaux dans les galeries d'égout. Mais jusqu'à présent la crainte des explosions a empêché que cette mesure ne fût adoptée nulle part. Des hommes distingués ont travaillé à résoudre ce difficile problème. Nous citerons notamment M. Versluys, ingénieur en chef à Bruxelles, qui avait proposé de plonger les tuyaux dans une rigole ménagée le long de l'égout, sous une hauteur d'eau de 10 à 12 centimètres. Au dire de ce praticien, les fuites sont prévenues par cette légère pression, et l'on n'a à redouter aucune autre sorte d'inconvénients. Nous renvoyons à la Note *p* l'exposé de ces idées, sur la valeur technique desquelles il ne nous appartient pas de nous prononcer. Nous nous bornons à constater qu'en Belgique, comme en Prusse, en Hollande, etc., on est très-préoccupé de l'infection due aux conduites de gaz et l'on trouve les procédés actuels éminemment défectueux.

### 2° *Moyens généraux.*

L'insuffisance et la complication des moyens partiels ont dû naturellement faire recourir au *drainage*.

Sous ce mot générique on désigne deux opérations distinctes :

1° Celle qui a pour objet d'évacuer les liquides impurs et les matières solides susceptibles d'être entraînées par les eaux ;

2° Celle qui consiste à faire écouler les eaux ordinaires des surfaces découvertes et à débarrasser le sous-sol de l'excès d'humidité due aux sources naturelles ou aux infiltrations des eaux pluviales.

*Drainage des liquides impurs.* — Ce drainage comprend le système des canaux aboutissant des maisons aux égouts publics, et ces égouts eux-mêmes avec leurs grands collecteurs et leurs émissaires. Les matières qu'ils reçoivent sont, d'une part, celles qui proviennent de l'intérieur des habitations ou des établissements industriels, et, d'autre part, celles que les eaux pluviales entraînent avec elles en coulant sur les toits, les cours et allées, les rues, places et autres endroits affectés à la circulation. Il a pour caractère distinctif d'employer exclusivement des canaux étanches ou du moins qu'on s'efforce de rendre tels, afin de prévenir l'infection du sol qui les renferme.

Les égouts proprement dits n'offrent rien de remarquable. Ils sont habituellement en maçonnerie avec des dimensions telles que les ouvriers puissent y pénétrer. Cette règle ne souffre d'exception que dans les parties très en pente ou quand le volume d'eau dont on dispose permet d'en assurer le nettoyage en tous temps. Leur exécution est abandonnée à l'initiative des autorités communales. Aussi certaines villes, comme Bruxelles, Liége, Aix-la-Chapelle, en sont-elles à peu près complétement pourvues, tandis que d'autres, comme Verviers, Dusseldorf, Bonn, n'en ont que partiellement ou même pas du tout. On constate toutefois une tendance très-marquée à développer ces évacuateurs souterrains. Il est permis de penser que dans quelques années l'usage en sera tout à fait généralisé. Quant aux détails mêmes d'exécution, ils laissent presque partout grandement à désirer. Nous avons déjà eu occasion de signaler le défaut d'aérage des galeries. Nous ajouterons que fréquemment les bouches extérieures, ouvertes ou mal fermées, dégagent dans les rues des odeurs insupportables. Il suffit de parcourir les villes des bords du Rhin pour s'en convaincre. La situation est meilleure sur quelques points, à Francfort, à Bade, à Darmstadt, où la fréquentation des étrangers a provoqué des réformes plus complètes. En Belgique, les publications du Conseil supérieur et celles des Commissions provinciales ont porté des fruits sensibles.

On protége assez bien les rues et les maisons contre les mauvaises émanations des égouts, au moyen de fermetures hydrauliques, réalisées soit par une disposition en siphon, soit par une plaque verticale plongeant dans la cuvette jusqu'au-dessous du niveau de l'orifice de sortie. Nous citerons une particularité, assez répandue dans les villes belges, qui a été inspirée à la fois par le désir de faciliter le curage et d'utiliser les résidus solides. Tous les 5o ou 100 mètres, le radier de l'égout rencontre un puisard de 8o centimètres à 1 mètre de profondeur dans lequel les immondices se déposent. Une cheminée d'extraction est habituellement ménagée dans la chaussée au-dessus de chaque puisard. Les matières sont livrées aux agriculteurs. Une autre particularité, spéciale à certaines villes de Hollande, notamment la Haye, Amsterdam, consiste dans la transformation des rigoles de la rue en véritables petits égouts. Ces rigoles sont effectivement recouvertes de planches ou de briques sur toute leur longueur, et forment ainsi un caniveau souterrain continu, communiquant de distance

en distance à l'égout proprement dit. Les eaux ménagères
y arrivent sous le trottoir : devant chaque maison une
plaque mobile permet de curer une cuvette servant à retenir les résidus solides.

La banlieue des grandes villes est entièrement dépour-
vue d'égouts publics. Ils sont également inconnus sous les
routes et autres voies *extrà muros*.

Un détail bon à noter, car il n'est pas toujours réalisé
dans des pays bien plus avancés, c'est que presque partout,
en Belgique, en Prusse, en Hollande, les urinoirs publics
sont mis en communication directe avec les égouts. Cette
pratique est observée même dans les villes qui ont le plus
à cœur de recueillir l'engrais humain. Quelquefois, mais
très-rarement, on reçoit les liquides dans des puisards
spéciaux en maçonnerie.

Le drainage privé ou l'évacuation des matières domestiques
se présente sous deux aspects bien tranchés. Deux écoles sont
en présence : l'une, qui demande qu'on envoie aux égouts,
non-seulement les eaux pluviales et ménagères, mais aussi
les matières fécales ; l'autre, qui veut retenir ces dernières,
dans le but de protéger les cours d'eau et surtout de conserver un engrais précieux à l'agriculture. Bruxelles et
Liége, en Belgique. Aix-la-Chapelle, en Prusse, sont à la
tête de la première école ; diverses villes, parmi lesquelles
Anvers, sont à la tête de la seconde. Ce dualisme se retrouve en Hollande, entre la région méridionale représentée par Amsterdam, la Haye, etc., et la région septentrionale, représentée par Groningue. Il est facile toutefois
de constater que la première école gagne tous les jours du
terrain. Elle a reçu dernièrement en Belgique une solen-
nelle adhésion de la part du Conseil supérieur d'hygiène
publique (*).

---

(* Ce Conseil ayant été consulté par le Ministre de l'intérieur,
sur la question des mesures à prendre pour recueillir les matières

Le système définitif vers lequel on tend, d'une manière
plus ou moins marquée, est donc le système anglais, ayant
pour objet la suppression de tout dépôt d'ordures au sein
des habitations. Le mode d'exécution est d'ailleurs sensiblement le même. C'est habituellement un conduit souterrain, partant de l'arrière-cour, et débouchant à l'égout
public, après avoir reçu sur son parcours les branchements
de l'évier et des latrines, ainsi que les bouches des cours et
autres surfaces pavées. Quelquefois, comme à Amsterdam,
la Haye, Rotterdam, il y deux évacuateurs privés, l'un pour
les eaux ménagères, qui va à la rigole couverte, l'autre
pour les matières fécales, qui se rend séparément à l'égout
proprement dit. Disons aussi que l'emploi des poteries, si
usité de l'autre côté du détroit, est beaucoup moins répandu dans ces pays. A Bruxelles, par exemple, le conduit
de la maison est le plus souvent en maçonnerie. Les deux
types sont d'ailleurs prévus dans le règlement de la ville : le
drain en briques doit avoir 0$^m$,30 de largeur dans l'œuvre,
et 0$^m$,35 de hauteur ; le drain en poteries est formé de

---

fertilisantes des habitations, a adopté, après un débat approfondi,
les conclusions suivantes :

« 1° Dans l'intérêt de l'hygiène des villes, il est désirable que le
« système d'évacuation qui assure l'écoulement continu des ma-
« tières fertilisantes provenant des habitations, reçoive une appli-
« cation de plus en plus générale, l'accumulation de ces matières
« dans des fosses d'aisances, ainsi que la vidange et le transport
« desdites matières, par quelque procédé qu'ils s'opèrent, ne pou-
« vaut être que nuisible à la santé publique ;

« 2° Il importe, pour la salubrité autant que pour l'agriculture,
« que ces matières puissent être dirigées par des canaux souter-
« rains vers des réservoirs construits hors de l'enceinte des villes ;

« 3° Dans les communes rurales où l'usage des fosses d'aisances
« offre moins d'inconvénients, ainsi que dans les villes où cet usage
« sera jugé devoir être maintenu ou généralisé, il y a lieu de provo-
« quer, par voie de mesures administratives, la mise en pratique
« des réformes proposées dans le rapport adressé à la Chambre des
« représentants, à la suite de l'enquête de 1855. »

(Séances du 31 juillet, du 27 novembre et du 11 décembre 1862.

tuyaux vernissés, de 0<sup>m</sup>,20 de diamètre intérieur, emboîtés de 8 centimètres au moins.

Le choix du système est absolument laissé à l'appréciation des autorités locales ; aussi observe-t-on des divergences très-marquées. Sans parler des villes de l'ancienne école, Anvers, Gand, Mayence, Cologne, etc., où l'évacuation des matières fécales est interdite, il en est d'autres, comme Bruxelles, où elle est libre, sauf, bien entendu, approbation, par la municipalité, des travaux au point de vue technique, d'autres, comme Huy, où elle est obligatoire, et d'autres enfin où elle est soumise à certaines conditions fiscales, par exemple à Namur, Liége, Aix-la-Chapelle. Dans cette dernière ville la taxe est considérable : elle est de 12 francs environ une fois payés par mètre courant de façade, avec minimum de 55<sup>f</sup>,50 (15 thalers). On cite des établissements industriels dont la mise de fonds a été ainsi de près de 2.000 francs.

Un complément indispensable manque presque partout à cette organisation : nous avons déjà eu occasion de l'indiquer, c'est une large distribution d'eaux publiques. Il reste aussi, pour résoudre le problème de la circulation continue, à prévenir la déperdition des liquides d'égout en les utilisant pour l'agriculture.

*Drainage des eaux ordinaires.* — Cette sage pratique est encore dans l'enfance. C'est à peine si l'on peut citer, à la Haye, quelques parties de promenades publiques qui aient été drainées, et à Liége, une moitié de cimetière qui va l'être prochainement. En général on se borne, pour préserver les maisons de l'humidité, à les élever sur des caves dont le sol est bien cimenté. Quant à détruire l'infection du terrain lui-même par un aérage méthodique, on ne paraît pas en avoir apprécié la portée. Jusqu'à présent ce mode de drainage est exclusivement réservé aux exploitations agricoles.

### RESUMÉ ET CONCLUSIONS.

Les observations contenues dans ce Rapport se résument de la manière suivante :

1° *Opérations insalubres pour les ouvriers.* — Les gouvernements montrent une sollicitude marquée pour la santé des classes ouvrières. Sous l'influence de la législation et grâce surtout à l'intervention des inspecteurs centraux, de notables améliorations ont été introduites dans diverses industries. Elles consistent tantôt dans des procédés spéciaux, directement liés à la nature du travail, comme pour la fabrication de la céruse, de la tôle émaillée, de la quinine, pour le blanchiment des dentelles, le nettoyage des chiffons, etc., tantôt dans l'application, convenablement appropriée, de moyens généraux, en tête desquels figure la ventilation artificielle. C'est de cette dernière manière que le secrétage des peaux, l'aiguisage des aiguilles, la préparation des allumettes phosphoriques, le filage des matières textiles, le broyage des écorces, et en général les opérations donnant lieu à des dégagements de vapeurs ou de poussières, ont été considérablement assainies. En certains cas, de simples modifications dans l'agencement des appareils, comme pour la fabrication du fulminate de mercure et la concentration de l'acide sulfurique, ont permis d'ariver au même but sans rien changer à la nature du travail et sans recourir à une aération mécanique. Enfin, mais dans de très-rares circonstances, on a cherché dans des appareils respiratoires le moyen de protéger les organes des ouvriers.

Ce qui ressort de l'ensemble de ces faits, c'est que les procédés les plus simples et les plus naturels, tels que l'emploi de l'eau et de l'air, sont en même temps les plus efficaces pour réaliser l'assainissement des ateliers.

2° *Infection de l'atmosphère générale.* — La législation est préventive en son principe, en ce sens qu'elle subordonne les autorisations à l'emploi de certains moyens déterminés, jugés propres à protéger l'atmosphère contre les dégagements nuisibles. On observe toutefois, surtout en Belgique, certains symptômes qui permettent d'induire que l'autorité publique n'est pas éloignée de se relâcher de la pratique suivie jusqu'à ce jour, tout en maintenant une surveillance attentive de nature à offrir pleine garantie à l'intérêt général. Ainsi, tandis que l'action préventive tend à s'affaiblir, l'action répressive, au contraire, confiée aux autorités communales, est fortifiée par l'intervention des inspecteurs du gouvernement.

Les effets des dégagements gazeux, organiques ou minéraux, ont été combattus avec succès, soit par une simple dispersion dans l'atmosphère, au moyen de cheminées convenablement élevées, soit par la condensation dans l'eau ou la combustion dans des foyers, soit enfin à l'aide de diverses réactions chimiques.

La fabrication de la soude a été transformée par l'usage des condenseurs. Parmi les systèmes en vigueur dans cette industrie, le plus efficace, sans contredit, et qui tend de plus en plus à se répandre, est celui des grandes tours en maçonnerie garnies de coke. La combustion des vapeurs est pratiquée dans les fabriques de bougies, de charbon d'os, d'huiles minérales, de potasse, etc. Les réactions chimiques, nécessairement plus restreintes dans leurs applications, ont été la base de quelques méthodes remarquables, notamment pour l'absorption des vapeurs nitreuses et de l'acide sulfureux.

Ici encore, nous reconnaissons que les moyens simples, tels que l'emploi de l'eau et du feu, réussissent le mieux pour assurer la salubrité.

La question de fumivorité n'offre rien de bien nouveau. Après divers essais d'appareils compliqués, on paraît convaincu aujourd'hui que la solution du problème se trouve dans des foyers ordinaires, de bonnes dimensions, bien dirigés, et laissant pénétrer une quantité d'air suffisante dans la zone de combustion.

Le régime des sépultures est le même qu'en France. La seule particularité intéressante à signaler est l'institution des maisons mortuaires, à l'entrée des cimetières. On ne voit pas toutefois que les classes pauvres aient mis beaucoup d'empressement à en profiter.

3° *Infection des atmosphères limitées.* — L'assainissement des galeries de mines, réalisé surtout à l'aide d'une aspiration mécanique, a été porté à un haut degré de perfection. Les galeries d'égouts sont beaucoup moins bien partagées. Dans quelques villes, où les circonstances naturelles le comportaient, on les a améliorées par des lavages. Ailleurs on s'est borné à un petit nombre de cheminées d'aérage, le long des maisons, sur les points où la corruption de l'air était la plus grande. On a proposé, mais jusqu'à présent sans succès, d'appliquer aux réseaux d'égouts le système de ventilation usité pour les mines.

Quelques fosses d'aisances ont été aérées au moyen de tuyaux débouchant sur les toits et surmontés d'une girouette dont la rotation entraîne un petit appareil aspiratoire. Les cabinets sont parfois protégés par un système de fermeture assez ingénieux, consistant à engager les rebords du couvercle dans une rainure garnie de sable.

On doit signaler d'heureux usages de désinfectants, entre autres du perchlorure de fer, dans les locaux où sont gardés les animaux domestiques. L'intervention de ce réactif paraît même avoir pour résultat d'accroître la valeur agricole de l'engrais.

4° *Infection des eaux.* — L'alimentation des habitants est surtout constituée par les eaux de puits et les eaux plu-

viales. Les villes pourvues d'une distribution publique sont
en petit nombre ; mais il y a une tendance marquée à étendre
les bienfaits de cette organisation.

Les cours d'eau ont été jusqu'ici incomplétement protégés. Les moyens employés sont de deux sortes, partiels et
généraux. Parmi les premiers qui jouent encore le principal
rôle, on peut citer divers cas intéressants. Tantôt les résidus sont neutralisés ou dénaturés à l'aide de la chaux,
comme dans les fabriques de soude, de chlorure de chaux,
de rouge d'aniline ; tantôt ils sont utilisés pour la nourriture
du bétail ou pour l'agriculture, comme dans les distilleries
de grains, les fabriques de colle et de gélatine, le lavage
des laines ; tantôt enfin ils deviennent la base d'industries
nouvelles et fournissent d'utiles produits secondaires, notamment par l'extraction de la potasse des mélasses et des
eaux de suint, par le traitement des eaux grasses et savonneuses des laines, par l'extraction du soufre des marcs de
soude, etc. Tout porte à croire que c'est dans cette dernière
voie qu'on doit chercher les meilleurs procédés de désinfection ; les intérêts de l'industrie y trouvent leur compte
en même temps que ceux de la salubrité.

Les matières fécales ont été utilisées, en certaines contrées, avec des soins tout particuliers.

La question du rouissage préoccupe vivement les esprits
en Belgique. La solution radicale, consistant dans un procédé économique de rouissage artificiel, n'a pas encore été
obtenue d'une manière satisfaisante.

Les moyens généraux sont beaucoup moins avancés. On
ne peut signaler que pour le réprouver l'usage des puits
absorbants, passé à l'état de système dans quelques villes.
A Bruxelles seulement le problème est sur le point de recevoir sa solution rationnelle. On vient de décider que les liquides d'égouts, chargés de tous les immondices des maisons et des industries, ne seront désormais rendus à la

rivière qu'après avoir été désinfectés à leur sortie et utilisés autant que possible pour les besoins de l'agriculture.

5° *Infection du sol.* — Pour le sol comme pour les eaux, on emploie des moyens de deux natures.

Parmi les moyens partiels, les seuls offrant quelque intérêt sont relatifs aux fosses d'aisances et aux conduites du gaz de l'éclairage. On peut citer, d'une part, un assez bon type de fosse mobile, et, d'autre part, plusieurs dispositions, telles que canaux en maçonnerie et revêtements d'argile, ayant pour but de garantir le terrain contre les fuites de gaz. Nulle part les conduites ne sont logées dans les égouts. On a proposé, mais jusqu'à présent sans succès, de les plonger, sous une hauteur d'eau de 10 à 12 centimètres, dans une petite rigole ménagée dans la galerie.

Le moyen général est le drainage. Sous ce terme on comprend deux opérations distinctes : l'une ayant pour but d'évacuer les liquides impurs par des canaux étanches, l'autre d'assécher et d'aérer le sol par des conduites perméables, analogues à celles de l'agriculture. Cette dernière opération a été à peine essayée ; l'autre, au contraire, est très-répandue, tout en laissant beaucoup à désirer sous le rapport de l'exécution.

On est partagé sur la nature des services que doivent rendre les égouts. Selon les uns, il faudrait se borner à y écouler les liquides des rues, ainsi que les eaux ménagères et pluviales des maisons ; selon les autres, il faut y envoyer également les matières fécales, et réaliser ainsi dans son ensemble le système de circulation continue. Cette dernière opinion, dont la conséquence est la suppression de tout dépôt d'ordures au sein des habitations, tend de plus en plus à prévaloir. Des villes importantes, Bruxelles, Liége, Aix-la-Chapelle, l'ont mise en pratique depuis plusieurs années. Quelques cités, telles qu'Anvers, résistent encore, dans le but de conserver à l'agriculture un précieux engrais.

Le manque d'une distribution d'eaux publiques et les vices de construction des égouts influent fâcheusement sur la salubrité d'un grand nombre de localités. Cette situation est naturellement aggravée partout où les fosses d'aisances ont été conservées.

Nous concluons ainsi :

L'assainissement industriel, dans les pays que nous venons d'étudier, a fait de notables progrès. On trouve plusieurs exemples à imiter, en ce qui concerne :

La préservation de la santé des ouvriers ;

La destruction des gaz et vapeurs nuisibles ;

La neutralisation ou l'emploi des résidus infectants.

Quant à l'assainissement municipal, il est beaucoup moins avancé. Les villes présentent encore trop souvent un fâcheux aspect. On relève toutefois deux faits considérables, qui peuvent être médités avec fruit :

La prééminence accordée au système de circulation continue ;

La solution adoptée pour le traitement des liquides d'égout à Bruxelles.

# NOTES A L'APPUI.

### NOTE *a.*

Le sentiment public s'est manifesté avec une grande énergie en Belgique, pour pousser le gouvernement à protéger la santé des travailleurs. Déjà, lors de l'enquête sur la condition des classes ouvrières, le Conseil supérieur d'hygiène publique de Bruxelles s'exprimait ainsi :

« En outre de ce droit (d'intervenir dans le régime des établis« sements industriels), qu'on ne peut lui contester, nous voudrions « que le gouvernement exerçât sa haute surveillance sur tous les « établissements industriels, qu'il adoptât en principe de n'auto« riser l'établissement d'aucune fabrique, d'aucune usine ou exploi« tation quelconque, sans la présentation préalable d'un plan indi« quant toutes les pièces qui doivent servir d'ateliers et mention« nant la capacité cubique de chaque atelier, le genre de travail « auquel il est destiné, le nombre d'ouvriers qu'on veut y faire « travailler, *les précautions hygiéniques prises dans l'intérêt des* « *travailleurs,* etc. Ce n'est qu'après que ce plan aurait été étudié « par des hommes spéciaux, qu'après que ceux-ci se seraient assu« rés, même par la visite des lieux, qu'il a été satisfait à toutes les « conditions désirables de salubrité, que le gouvernement devrait « accorder l'autorisation demandée. »

Ces principes ont été introduits dans la législation. L'arrêté royal du 29 janvier 1863 (pour ne citer que les documents les plus récents, relatif à la *police des établissements dangereux, insalubres ou incommodes,* porte :

« Art. 2. Les demandes d'autorisation sont adressées à l'admi« nistration à laquelle il appartient de statuer.

« Elles indiquent la nature de l'établissement, l'objet de l'exploi« tation, les appareils et procédés à mettre en œuvre, ainsi que les « quantités approximatives des produits à fabriquer ou à emma-

« gasiner ; elles font connaître de plus les mesures projetées en
« vue de prévenir ou d'atténuer les inconvénients auxquels l'éta-
« blissement pourrait donner lieu, *tant pour les ouvriers attachés*
« *à l'exploitation* que pour les voisins et pour le public.

« Art. 6. Les autorisations sont subordonnées aux réserves et
« conditions qui sont jugées nécessaires dans l'intérêt de la sûreté
« et de la salubrité publique, *ainsi que dans l'intérêt des ouvriers*
« *attachés à l'établissement...* »

L'inspection centrale a été instituée par arrêté ministériel du
3 septembre 1855. Quatre agents supérieurs, aujourd'hui réduits à
trois, se sont partagés l'ensemble des industries de la Belgique. Ils
résident au siége du gouvernement et leur juridiction s'étend sur
tout le royaume, chacun pour les catégories d'industries dont il
est chargé.

L'arrêté royal précité, du 29 janvier 1863, qui a transporté aux
autorités locales la police des établissements insalubres, a maintenu l'inspection centrale par l'art. 14 ainsi conçu :

« Art. 14. Le collége des bourgmestres et échevins est chargé de
« la surveillance permanente des établissements autorisés. La
« haute surveillance de ces mêmes établissements s'exerce par
« les soins des fonctionnaires ou agents délégués à cet effet par
« notre ministre de l'intérieur. »

La circulaire ministérielle du 4 février 1863 a développé la pensée
de cet article en ces termes :

« L'article 14 garantit à l'autorité provinciale, par le maintien
« de l'inspection centrale, le concours de fonctionnaires compé-
« tents pour l'exercice des attributions nouvelles que lui confère
« l'arrêté royal du 29 janvier 1863. Les inspecteurs attachés à mon
« département pour la surveillance des établissements soumis à la
« police administrative, conserveront, en vertu de cet article, les
« fonctions qu'ils remplissent aujourd'hui, et la députation perma-
« nente pourra toujours, par mon intermédiaire, recourir à leurs
« lumières et à leur expérience comme à celles du Conseil supé-
« rieur d'hygiène publique, pour la solution des difficultés qu'elle
« jugera utile de leur soumettre. »

L'intervention de ces hauts fonctionnaires, contenue dans les
bornes d'une grande discrétion en ce qui touche notamment les
rapports des patrons avec leurs ouvriers, a eu souvent pour résultat de déterminer, par une pression toute morale, des améliorations
hygiéniques auxquelles les maîtres de fabriques s'étaient montrés
d'abord peu favorables.

En Prusse, on trouve des dispositions analogues. Voici un paragraphe de l'instruction ministérielle du 18 août 1853, traçant les devoirs des inspecteurs du gouvernement :

« Lorsque pour la conservation de la santé des jeunes ouvriers,
« il paraîtra indispensable de procéder à des changements et amé-
« liorations dans les localités existantes, le gouvernement de la
« province prendra les mesures jugées nécessaires pour les obtenir,
« soit à l'amiable, soit par voie d'exécution administrative ; et, au
« besoin, l'occupation des dites localités insalubres sera interdite.
« Il est prescrit avant tout de veiller à ce que dans les établisse-
« ments industriels et fabriques, l'air soit pur et que l'excès de
« froid ou de chaleur soit évité. Il est particulièrement recom-
« mandé d'examiner les nouveaux plans de ce genre d'établisse-
« ments qui viendraient à être construits. »

## NOTE *b*.

La décision intervenue nous paraît trop conforme aux vrais principes pour que nous ne reproduisions pas les termes du débat.

La commission spéciale, composée d'ailleurs d'hommes émi-
nents, qui avait été chargée de l'enquête, avait conclu ainsi, à
l'unanimité de ses membres :

« 1° Il y a lieu d'interdire tous les fours à sulfate dans lesquels
« les vapeurs acides se mêlent aux produits du foyer.

« Les fours qu'adopteront les industriels doivent être construits
« avec soin, être toujours maintenus en bon état et munis de
« portes de travail qui ne laissent pénétrer l'air dans l'intérieur
« que pendant le temps strictement nécessaire pour opérer le
« chargement, le déchargement et l'agitation des matières.

« 3° Les appareils de condensation doivent être construits de
« manière à condenser les vapeurs acides et à fonctionner indé-
« pendamment du concours de l'ouvrier, être maintenus en bon
« état et être alimentés constamment par une quantité d'eau suffi-
« sante et s'écoulant avec régularité.

« A cet effet, les appareils de condensation doivent être munis
« d'un compteur hydraulique, approuvé par le gouvernement, et
« dont la clef sera confié aux employés des accises afin de s'assurer
« que la quantité d'eau reconnue nécessaire a été fournie à l'ap-
« pareil de condensation dans un temps voulu.

« 4° Il est interdit d'accumuler en tas considérable les marcs de
« soude.....

« 5° On ne doit plus tolérer que les appareils de condensation
« soient mis en rapport avec les grandes cheminées... »

Le ministre de l'intérieur, dans son rapport au roi, du 25 février
1856, a combattu ces conclusions par les considérations suivantes :

« Est-il indispensable, est-il même utile que le gouvernement
« prescrive aux propriétaires ou directeurs de ces fabriques l'em-
« ploi de moyens déterminés et uniformes pour prévenir le déga-
« gement de gaz nuisibles dans l'atmosphère ?

« Une semblable prescription, outre qu'elle pourrait manquer
« son but et engager ainsi la responsabilité de l'autorité de qui
« elle émane, serait aussi de nature à léser les intérêts des pro-
« priétaires d'usines et à entraver le progrès industriel.

« Je suis donc d'avis que le gouvernement ne doit pas y recourir.
« Puisque le seul résultat que l'autorité doive avoir en vue, celui
« de faire disparaître tout danger, tout inconvénient pour le voisi-
« nage, peut être obtenu par des moyens variés, il convient de
« laisser aux industriels le choix de l'un ou de l'autre de ces moyens
« à leur convenance. Tout ce que le gouvernement doit exiger,
« c'est que les fabriques cessent de répandre dans leur voisinage
« des émanations nuisibles, et que ce but soit atteint sans que la
« salubrité intérieure des usines en souffre... »

Cette manière de voir fut sanctionnée par un arrêté royal, dont
l'article substantiel porte :

« Art. 1er. Les propriétaires ou directeurs de fabriques de pro-
« duits chimiques (acide sulfurique, sulfate de soude, soude arti-
« ficielle) sont tenus de prendre, dans un délai de deux mois à
« dater de la publication du présent arrêté, toutes les mesures
« propres à empêcher que l'exploitation de leurs usines ne puisse
« être nuisible à la salubrité publique ou intérieure, à la culture
« ou à l'intérêt général. »


## NOTE C.


Le Conseil supérieur d'hygiène publique ayant été chargé de
faire une enquête sur la fabrique du sieur Demetz, à Bruxelles, qui
avait provoqué des réclamations, la commission qui avait instruit
l'affaire formula ses conclusions de la manière suivante, dans un
rapport en date du 20 avril 1857 :

« Les conditions imposées par l'autorité au sieur Demetz, d'après
« les avis du Conseil, sont donc remplies. Si cet industriel prenait
« le soin de conserver ses huiles volatiles dans des réservoirs her-

» métiquement clos, la commission ne trouverait aucune objection
« à faire à ses procédés de fabrication ; elle ne saurait indiquer
« aucune précaution nouvelle. Et cependant, elle doit le déclarer,
« son usine répand des émanations qui, quoique beaucoup moins
« intenses qu'en 1855, sont néanmoins très-incommodes et se por-
« tent bien au delà des habitations des voisins plaignants... *Quoique*
« *le travail s'y fasse convenablement*, l'ensemble de l'usine est
« une source incessante de dégagements de vapeurs odorantes fort
« désagréables pour beaucoup de personnes. Aussi la commission
« s'empresse-t-elle de reconnaître que les plaintes des voisins *sont*
« *entièrement fondées...*

« La commission, après avoir mûrement examiné les procédés
« de fabrication d'huile de résine, ainsi que les différentes manipu-
« lations qui sont la conséquence indispensable de cette fabrica-
« tion, déclare son impuissance pour indiquer des précautions
« nouvelles à joindre à toutes celles qu'on a déjà proposées et que
« le gouvernement impose aujourd'hui à chaque industriel auquel
« il accorde une autorisation pour ériger une usine de ce genre...»

Ne semble-t-il pas que mieux aurait valu à l'origine laisser le
sieur Demetz établir son usine sous sa responsabilité personnelle,
en l'avertissant seulement des inconvénients contre lesquels il aurait à se prémunir. De la sorte l'autorité aurait toujours été armée
vis-à-vis de cet industriel, tandis qu'on s'est vu obligé de le tolérer
dans les conditions fâcheuses où il se trouvait. À la vérité, la commission, désireuse de parer aux maux à venir, prit la conclusion
suivante, adoptée par le Conseil :

« La commission pense que le moment est venu, pour l'autorité
« publique, de prendre une mesure générale et de ne plus autoriser
« l'érection de ce genre de fabriques qu'à une distance au moins
« de 500 mètres de toute habitation. »

Mais une telle décision offre le double inconvénient de ne pas
améliorer la situation présente, et de proscrire dorénavant sur une
grande étendue une industrie que ses progrès de fabrication peuvent amener un jour à vivre sans dommage pour le public dans le
voisinage des lieux habités. Et de fait, il existe aujourd'hui des
fabriques bien tenues dont l'odeur est insensible à une distance
beaucoup moindre que celle qu'on vient de mentionner.

### Note *d.*

Voici ce règlement en date du 21 avril 1857, que ses bons effets recommandent à l'attention :

« 1° Les foyers de distillation seront en dehors de l'usine.

« 2° Les huiles de résine, soit qu'elles proviennent de la distilla-
« tion de la résine ou de l'huile brute de résine, seront reçues en
« vase clos et conduites directement, à l'aide de tuyaux métalli-
« ques, vers les réservoirs destinés à les contenir.

« Ces réservoirs devront se trouver dans des magasins isolés et
« éloignés de 10 mètres, au minimum, des ateliers de distillation.

« 3° Les gaz qui prennent naissance pendant la distillation de la
« résine et de l'huile brute de résine seront conduits, au travers
« d'une soupape hydraulique, sous un foyer incandescent, pour y
« être brûlés complétement.

« 4° Autant que possible, les réservoirs des huiles seront creusés
« dans le sol, et, dans ce cas, ils seront voûtés et parfaitement
« clos.

« 5° Lorsque les huiles de résine seront conservées dans des vais-
« seaux en bois ou dans des réservoirs métalliques, ces vaisseaux
« ou ces réservoirs seront toujours parfaitement fermés. Il ne
« pourra être établi, dans ce cas, aucun fourneau, aucun foyer
« dans le magasin.

« 6° L'atelier où se fait la distillation de la résine et la rectifica-
« tion de l'huile brute de résine, celui où se fabrique la *graisse*
« *industrielle*, le magasin où sont conservés les huiles de résine
« et les graisses, seront constamment clos et entretenus dans le
« plus grand état de propreté. Autant que possible, les récipients
« des huiles de résine, comme le sol des ateliers et des magasins,
« seront construits en matériaux imperméables.

« 7° Les foyers ne pourront être alimentés par du goudron, du
« bois imprégné de goudron, de résine ou d'huile de résine, ni
« en général par aucune matière inflammable capable de répandre
« au loin du noir de fumée et des émanations odorantes. »

Le seul reproche que, pour notre part, nous adresserons à ces dispositions, c'est d'avoir un caractère obligatoire. Plusieurs d'entre elles, qui pénètrent dans les détails de la fabrication, devraient, ce nous semble, faire l'objet d'une simple instruction à l'usage des fabricants; et le règlement devrait se borner à signaler les divers genres d'inconvénients contre lesquels ces fabricants auraient à se prémunir. Il est visible, par exemple. que les gaz, au lieu d'être brûlés, pourraient être aussi bien détruits par quelque nouveau procédé de condensation que le progrès de l'industrie viendrait à révéler.


NOTE e.


L'importance du sujet nous engage à reproduire la partie essentielle des instructions du Conseil supérieur d'hygiène publique, en date du 17 juin 1861 :

« .... Lorsque l'ouvrier quitte le travail, il faut qu'il fasse des
« ablutions à grande eau et qu'il change de vêtements, afin de faire
« désinfecter ceux qui sont plus ou moins imprégnés des émana-
« tions du cimetière..... Dans ce but, on fera construire dans le
« voisinage du cimetière une barraque en planches bien rejoin-
« toyées..... Lorsque la journée sera finie, les ouvriers y change-
« ront de vêtements ; les différentes pièces seront étendues sur
« des perches de bois, et le surveillant placera au milieu de la pièce
« un baquet dans lequel il mettra un demi kilogramme de chlorure
« de chaux en poudre, qu'il arrosera avec un demi-kilogramme
« d'acide chlorhydrique ; il se retirera aussitôt en ayant soin de
« fermer exactement les portes.....

« Tout étant disposé à l'avance au nouveau cimetière on pourra
« commencer les travaux d'exhumation.....

« Les exhumations offrant d'autant plus de danger pour le tra-
« vailleur qu'elles se pratiquent pour des corps plus récemment
« enterrés, il va de soi que les premières opérations devront s'effec-
« tuer sur la partie du cimetière où les inhumations ont été faites
« antérieurement à 1856. On déblayera donc toute cette partie,
« couche par couche, jusqu'à ce que les odeurs méphytiques se
« fassent sentir ; alors on arrosera le sol avec la dissolution de
« chlorure de chaux à 2 p. c., et on abandonnera le travail pour le
« continuer plus loin, jusqu'à ce que, les mêmes phénomènes se
« produisant, on soit de nouveau forcé d'arroser et de discontinuer
« le déblaiement plus profondément.

« Quand toute la surface aura été ainsi déblayée jusqu'à la pro-
« fondeur où l'odorat commence à être péniblement affecté, on
« aura quelques heures plus tard une nouvelle surface de terrain
« qui aura été désinfectée par les arrosements faits durant le tra-
« vail, et l'on entamera de nouveau cette surface qui sera égale-
« ment déblayée aussi profondément que le permettront les cir-

« constances, c'est-à-dire la perception d'odeurs infectes et pu-
« trides..... Dans tous les cas, un arrosement de chlorure de chaux
« devra être pratiqué, à chaque 20 ou 25 centimètres de profon-
« deur. Si le terrain offrait trop d'humidité, au lieu de faire des
« arrosements, il faudrait faire répandre sur le sol du chlorure de
« chaux sec en poudre..... Mais c'est surtout lorsqu'on arrive à la
« profondeur où reposent les cadavres qu'il faut redoubler de pré-
« cautions ; s'ils laissent dégager des odeurs infectes, on les arro-
« sera avec la solution de chlorure de chaux à 4 p. c. Si les bières
« paraissent encore en bon état, on évitera soigneusement de les en-
« dommager, on les soulèvera avec précaution pour les placer sur
« une serpillière imprégnée de liqueur désinfectante, avec laquelle
« on les enveloppera pour les transporter au nouveau cimetière.....

« Il arrivera infailliblement qu'on trouvera beaucoup de cercueils
« consumés et des cadavres en pleine putréfaction ; dans ce cas, il
« faut désinfecter convenablement le cadavre avant de songer à le
« déplacer, et le travail de déplacement devra se faire avec des
« crochets, des dragues ou de longues pinces de fer, car il importe
« que les ouvriers mettent le moins possible les mains aux corps
« ou parties de corps en état de putréfaction.

« Les terres provenant du déblai du cimetière devront être im-
« médiatement conduites hors de l'enceinte de celui-ci et amonce-
« lées, si faire se peut, à l'endroit où doit s'élever le parapet du
« fossé (des fortifications) ou à proximité de cet endroit ; elles su-
« biront ainsi l'influence de l'air et de ses diverses conditions mé-
« téorologiques, et se dépouilleront insensiblement des miasmes qui
« auraient pu échapper à l'action du liquide désinfectant.

« ...S'il y avait lieu à exhumer dans des caveaux, il faudrait ou-
« vrir largement ceux-ci au moins vingt-quatre heures avant le
« commencement du travail, y faire répandre de la solution chlo-
« rurée et ne permettre aux ouvriers d'y entrer qu'après qu'on se
« serait assuré, en y descendant une chandelle allumée, que leur
« vie ne saurait y être exposée au danger d'une asphyxie par l'a-
« cide carbonique. Si la chandelle, en s'éteignant, dénotait la pré-
« sence de ce gaz, il faudrait, soit le détruire en versant dans le
« caveau du lait de chaux, soit l'extraire à l'aide d'une manche-à-
« air ajustée à un fourneau d'appel placé au-dessus du caveau... »

### Note *I.*

On ne lira peut-être pas sans intérêt l'exposé des idées de M. Devaux, tel qu'il a été soumis au gouvernement, le 13 mai 1863.

« ...Quant au détournement de l'air des égouts au moyen de
« cheminées ou chéneaux débouchant à hauteur des toits, ce sys-
« tème n'a pas seulement le défaut de ne faire que déplacer le mal,
« en le reportant du rez-de-chaussée aux étages, il est de plus
« complétement inefficace dans les chaleurs, puisque toutes ces
« cheminées, au lieu de tirer, rabattent avec d'autant plus d'éner-
« gie qu'elles sont plus hautes....... Cet air vicié s'épanche au
« dehors par toutes les issues, par toutes les fissures, par les com-
« munications plus ou moins directes ouvertes entre l'égout et les
« habitations; il s'infiltre dans le sous-sol des rues, pénètre dans
« les caves et se porte naturellement dans les maisons où il est
« appelé par une aspiration d'autant plus puissante qu'elles sont
« mieux closes et mieux chauffées..... On aura fait peu pour la sa-
« lubrité des populations aussi longtemps qu'on n'aura pas pris des
« mesures pour que ce soit l'égout lui-même qui *aspire* et avec plus
« de force, bien entendu, que ne peuvent en produire, en sens in-
« verse, soit nos maisons, soit la pente du terrain, soit les varia-
« tions de température, soit la direction et la violence des vents ou
« toutes autres causes perturbatrices.

« Quant au moyen d'obtenir ce résultat, il est des plus simples,
« et ce qui se pratique journellement dans nos mines de houille,
« dont les galeries présentent une si grande analogie avec un réseau
« d'égouts, ne permet pas de douter de son infaillibilité.

« Ce moyen consiste à intercepter, par obturation hydrau-
« lique (*), toute communication pour l'air entre les égouts et
« l'extérieur; puis à entretenir dans tout le réseau une dépression
« modérée et convenable, à l'aide d'un ou plusieurs ventilateurs
« aspirants, rejetant les gaz en des points choisis où l'on n'ait pas à
« en redouter la malignité.....

« Pour une ville comme Bruxelles, par exemple, trois ventila-
« teurs au plus, activés chacun par une petite machine à vapeur

---

(*) Il est probable que, dans la pensée de l'auteur, cette fermeture n'est pas
absolue, et qu'on laisserait rentrer l'air pur par certains points extrêmes, pour
rendre les galeries habitables aux ouvriers. Il ne s'agit ici que des orifices distri-
bués en nombre infini sur tous les points du réseau, et dont le maintien rendrait
l'aspiration illusoire.

« de quatre à cinq chevaux, et installés en des points convenable-
« ment choisis, suffiraient amplement pour tout le service.

« Ces appareils, montage compris, pourraient coûter chacun
« 10.000 francs. Affectant la même somme à la construction de la
« cheminée d'évacuation et de la galerie souterraine servant de
« laboratoire d'épuration (pour le cas où l'on voudrait désinfecter
« les gaz avant de les rejeter dans l'atmosphère), et comptant
« 5.000 francs de frais imprévus, chaque poste coûtera au plus
« 25.000 francs. Quant aux frais annuels, ils se borneront à 3.000
« francs pour combustibles, 1.800 francs pour un machiniste et un
« chauffeur, et 700 francs pour entretien et imprévus, en tout
« 5.500 francs par poste. L'hypothèse de trois postes conduirait
« donc à 69.000 francs pour dépenses de premier établissement et
« 16.500 francs par an pour faire fonctionner le système. »

Le projet de M. Devaux a rallié de puissantes sympathies au sein
du Conseil supérieur d'hygiène, et il ne serait pas impossible qu'on
en fît un jour l'expérience.

NOTE g.

La méthode de lavage des égouts a été généralisée à Liége, à la
suite d'expériences faites par M. Remont, ingénieur-architecte des
travaux de la ville. Ce praticien distingué, qu'on peut considérer
comme le véritable promoteur du système, qu'il a introduit successivement dans diverses villes de la Belgique, rend compte en ces
termes des expériences auxquelles il s'est livré :

« Pour m'assurer de l'effet que je puis produire avec les eaux
« que j'ai à ma disposition (à Liége), j'ai procédé à des expériences
« propres à m'éclairer complétement sur la matière.

« Dans les canaux qui sont lavés actuellement, j'ai choisi le ré-
« seau d'égouts qui remplissait le mieux toutes les conditions; c'est
« celui qui se dirige derrière le palais, rue Hors-Château et sous la
« prison jusqu'à la Meuse, au pont Maghin. Il présente des parties
« à radier plat, d'autres à radier ovoïde et une partie sans radier;
« des pentes diverses et faibles (la pente moyenne est de 11 milli-
« mètres par mètre); des raccordements courbes et à angles plus
« ou moins prononcés, et des largeurs différentes; il a, à peu de
« chose près, la plus forte des longueurs d'égouts à laver; enfin il
« recueille une quantité d'immondices provenant de la population
« considérable des petites rues qui y débouchent.

« J'ai fait les expériences vers le milieu du mois de juillet, pen-

« dant des chaleurs d'environ 28 degrés centigrades et qui duraient
« depuis le 8 du mois.

   « Depuis plusieurs jours ce réseau d'égouts n'avait pas été lavé ;
« le radier était couvert d'immondices (surtout dans la partie d'a-
« val), provenant des petites rues et impasses qui se trouvent sur
« ce parcours. La hauteur des immondices était au maximum de
« $0^m,15$ et au minimum de $0^m,05$. La vanne, rue Notger, fut fermée
« et je laissai couler librement les eaux durant une heure environ,
« pendant laquelle il passa 150 mètres cubes d'eau. Après avoir
« détourné les eaux sur la rue Notger, je fis visiter l'égout soumis
« à l'expérience, sur toute son étendue, et il fut trouvé complète-
« ment nettoyé.

   « Je procédai à une seconde expérience.

   « Je fis établir une digue longitudinale dans l'égout, en amont de
« la rue Notger, pour partager les eaux en deux parties égales,
« dont une pouvait passer par la rue Notger, et la deuxième vers
« la rue Hors-Château, de manière à n'employer que 70 à 75 mètres
« cubes d'eau en une heure.

   « Trois jours après la première expérience, je fis visiter l'égout
« sur toute son étendue et on y trouva à peu près la même quantité
« d'immondices, pierrailles, etc., qu'avant la première expérience ;
« j'y fis jeter les 70 à 75 mètres cubes d'eau, et je les laissai couler
« pendant une heure environ.

   « Une visite a fait reconnaître que l'égout était nettoyé jusqu'à
« la Meuse. Toutefois, aux jonctions à angle droit de quelques em-
« branchements d'égouts affluents, il était resté de légers dépôts.
« Je fis rejeter les eaux pendant une seconde heure, et les dépôts
« furent emportés ; mais j'ai la conviction que cette seconde chasse
« n'aurait pas été nécessaire, si ces jonctions avaient été construites
« suivant des courbes tangentes.

   « J'ai procédé à une troisième expérience, et cette fois par *une
« chasse d'eau*.

   « Je fis curer neuf embranchements plus ou moins longs et je
« fis amener les immondices dans le long réseau d'égouts en amont
« et en aval de ces embranchements. Il y en avait environ $0^m,15$ de
« hauteur et un cube de 18 à 20 mètres. Je fis faire dans l'égout, à
« la tête de la rue Notger, une vanne mobile pour retenir les eaux
« affluentes pendant un demi-quart d'heure ; il y en avait environ
« 18 à 20 mètres cubes ; immédiatement le barrage fut ouvert et
« ces eaux se précipitèrent dans l'égout. Quarante minutes après
« je l'ai fait visiter et il fut reconnu que les immondices avaient
« disparu.

« J'ai pensé qu'il était inutile de continuer les expériences sur
« cette base, puisque. d'après mon système, il faut que chaque
« égout soit lavé *tous les jours en un temps donné* par une quantité
« d'eau suffisante, soit par *un écoulement continu*, soit par *une*
« *chasse.*

« J'ai fait construire un barrage provisoire, disposé de manière
« à pouvoir varier le débit à l'écoulement continu, et après divers
« essais, continués avec persévérance, j'acquis la certitude qu'avec
« un écoulement d'eau d'une heure *tous les jours*, représentant
« 18 à 20 mètres cubes, je maintiendrais dans un état complet de
« propreté le réseau d'égouts prémentionné, de 1.336 mètres d'é-
« tendue. »

NOTE h.

Voici le règlement des vacheries, élaboré en 186⁹ par le Conseil
supérieur d'hygiène publique, et mis en vigueur dans plusieurs
villes de Belgique.

« 1° L'endroit choisi pour l'érection de l'établissement devra être
« suffisamment fourni d'eau.

« L'écoulement des eaux devra s'effectuer facilement jusqu'à
« l'égout le plus voisin, par un ruisseau pavé ayant la pente con-
« venable.

« 2° Les vacheries devront avoir au moins 4 mètres de hauteur
« du pavé aux solives.

« 3° Les vacheries à un rang de vaches auront au moins 4 mètres
« de largeur depuis la mangeoire jusqu'au mur opposé.

« 4° Les vacheries à deux rangs de vaches mesureront au moins
« 7 mètres de largeur d'une mangeoire à l'autre, lorsque celles-ci
« seront placées contre les murs, et au moins 8 mètres d'un mur
« à l'autre, lorsque les mangeoires seront placées au milieu de
« l'étable.

« 5° L'espace réservé à chaque vache sur la longueur de l'étable
« sera de 1ᵐ.50 au moins.

« 6° Les vacheries seront convenablement éclairées et ventilées.
« — Pour ventiler les étables, on établit, dans l'épaisseur des murs
« extérieurs, des tuyaux coudés ou des conduits dans la maçon-
« nerie, en nombre suffisant, et débouchant dans l'étable à une
« hauteur de 1ᵐ,50. L'orifice inférieur ou externe de ces tuyaux,
« légèrement évasé et garni de toile métallique ou d'une plaque
« perforée en fer ou en zinc, aspire l'air à une certaine élévation

« au-dessus du sol. L'orifice supérieur ou interne, également revêtu
« d'un cadre avec toile métallique ou d'une rosace perforée et
« muni d'un registre modérateur (clef, valve, clapet), sert à ré-
« pandre à l'intérieur l'air aspiré du dehors. Pour donner issue à
« l'air altéré, on pratique, selon l'étendue de l'étable, une ou plu-
« sieurs ouvertures dans le plafond, au milieu ou dans les angles,
« auxquelles on adapte des tuyaux légèrement coniques, qui s'élè-
« vent à 1 mètre ou 1$^m$,5o au-dessus du faîte de la toiture. Ces
« tuyaux sont surmontés d'un champignon.

« 7° Les nourrisseurs devront tenir les vaches dans le plus grand
« état de propreté ; ils laveront une fois par jour en hiver et deux
« fois en été le ruisseau de l'étable et celui de la cour.

« 8° Le sol de l'étable et le ruisseau seront pavés de pierres non
« poreuses, reliées entre elles par de bon mortier hydraulique.
« La cour sera pavée.

« 9° Les liquides provenant de l'exploitation seront conduits di-
« rectement dans l'égout public ou dans une citerne étanche fer-
« mée exactement par une dalle en pierre ; cet écoulement devra
« s'opérer par un canal couvert, muni d'un coupe-air. »

(Suivent d'autres dispositions relatives au danger d'incendie.)

Nous ferons à ce règlement le même reproche qu'à celui des
fabriques d'huile de résine (Note *d*), c'est de trop pénétrer dans
les détails d'exécution.

<h3 style="text-align:center">NOTE i.</h3>

Le rapporteur, M. le D$^r$ Gorrissen, chargé de l'examen des
procédés du D$^r$ Kœne, s'est exprimé en ces termes, à la date
du 4 février 1865 :

« D'après toutes les explications et les expériences conformes
« de MM. Frankland, Hoffmann (Angleterre) et Kœne, nous n'avons
« plus à nous occuper des avantages pratiques du perchlorure de
« fer (au point de vue de la désinfection); la seule question im-
« portante à compléter est celle relative à la valeur agricole
« de l'engrais que ce perchlorure produit en désinfectant les ma-
« tières.

« A cet effet, considérons la réaction du perchlorure et des prin-
« cipes albumineux.

« Aucun chimiste n'ignore que le perchlorure de fer en solution
« diluée et en présence d'un corps tendant à s'unir au peroxyde de
« fer donne naissance à ce peroxyde.

« Eh bien, de même que la chaux précipite l'acide phosphorique
« et les matières albumineuses en s'unissant à ces corps, de même
« le peroxyde de fer précipite ces substances en contractant des
« combinaisons.

« Ce peroxyde, de même que la chaux, fonctionne ici comme
« base, et si, avec le perchlorure, M. Kœne obtient une désinfec-
« tion permanente, tandis qu'avec la chaux on n'obtient qu'une
« désinfection passagère, cela tient tout simplement à ce que la
« combinaison ferrique persiste, pendant que l'acide carbonique
« de l'air détruit la combinaison calcique. La première persiste,
« parce que le peroxyde de fer, comme base faible, ne saurait
« s'unir à l'acide carbonique; par cette raison aussi, la combinai-
« son de cette base avec la matière albumineuse est moins intime
« que la combinaison calcique, et, comme de semblables combinai-
« sons ferriques se détruisent lentement quand l'air n'a pas un
« libre accès et qu'elles causent ce phénomène que nous désignons
« par l'expression *érémacausie*, l'engrais satisfait très-bien aux
« besoins des plantes. Mais si les principes fertilisants sont fixés,
« si tous fonctionnent en satisfaisant à ces besoins, l'engrais désin-
« fecté par le procédé Kœne doit avoir plus d'effet sur les plantes
« que l'engrais de même origine non désinfecté ; c'est en effet ce
« que la pratique constate, et le fait le plus concluant à citer, et
« dont tout le monde a pu se convaincre, c'est que les cultivateurs
« de Campenhout sont venus, en grand nombre, chercher à
« Bruxelles de la matière fécale désinfectée, après qu'ils avaient
« acheté sur les lieux le contenu d'un bateau de plus de 100 mètres
« cubes de la même matière.

« D'autres expériences faites en grand pendant huit ans à Notre-
« Dame-au-Bois, ont en outre établi que ce guano humain a encore
« un effet marquant sur la récolte, durant la deuxième année de
« l'expérience ; encore un fait conforme à la théorie relative à la
« consomption lente de l'engrais désinfecté par le procédé Kœne.

« En résumé, un engrais putride s'altère promptement, et déjà
« avant son emploi une notable quantité du principe fécondant
« essentiel, l'azote, s'est dégagée à l'état d'ammoniaque. Un engrais
« désinfecté par un excès inévitable de chaux, ne commence à
« agir que du moment où cet excès est passé à l'état de carbonate ;
« dès cet instant, les principes fertilisants deviennent peu à peu
« solubles; mais quant à la substance albumineuse, au lieu de
« subir les effets de l'érémacausie (consomption lente), elle passe
« par la fermentation putride en produisant, outre l'ammoniaque,
« des gaz nuisibles à la végétation.

« Sur un engrais désinfecté par le procédé Kœne, l'acide car-
« bonique n'a pas d'effet ; il ne saurait donc entrer en putréfaction,
« mais il se consume lentement, et l'érémacausie est favorisée par
« l'oxygène du peroxyde de fer. »


## NOTE *k*.


Parmi les solutions mises en avant pour alimenter les villes
d'eaux potables, nous citerons, comme ayant chacune son originalité propre, celles qui ont été adoptées à Liége, à Verviers et à Aix-
la-Chapelle. La première est en cours d'exécution ; les deux autres
ne sauraient se faire attendre.

La ville de Liége jouit déjà d'une distribution publique, mais
tout à fait insuffisante. L'eau est fournie par un certain nombre
de petites galeries, qui ont été creusées, à diverses époques, dans
les coteaux environnants, soit pour les besoins mêmes de la cité,
soit pour l'exploitation des mines de houille. On a décidé, il y a
quelques années, qu'une large distribution serait créée dans le
triple but d'alimenter les maisons, d'approprier les rues et d'assainir les égouts. Trois projets furent discutés : l'un consistant à pu-
rifier les eaux de la Meuse au moyen de galeries filtrantes (d'après
le système de M. Daubuisson à Toulouse), l'autre à récolter par un
drainage agricole les eaux pluviales qui filtrent à travers les sables
de la Campine ; le troisième enfin, qui a prévalu, consistant à amas-
ser les eaux souterraines de la Hesbaye (ligne de coteaux dominant
Liége), au moyen de galeries traversant le terrain houiller et les
argiles de la base du terrain crétacé, puis pénétrant dans les
couches perméables supérieures, reconnues très-aquifères. La galerie principale, dite galerie d'Ans, débouchera près des faubourgs, à 65 mètres au-dessus du niveau de la Meuse. Elle aura
1$^m$,80 sur 1$^m$,20 de section, cinq kilomètres de longueur et une
pente dirigée vers la ville de 1 millimètre par mètre. Elle sera
soigneusement maçonnée dans tout son parcours à travers les argiles et le terrain houiller, afin de ne pas recevoir les infiltrations
moins pures de ces couches. Elle sera, au contraire, à vif dans le
terrain crétacé. A l'extrémité de cette galerie, c'est-à-dire en plein
dans la craie, et à 56 mètres au-dessous du sol en même temps
qu'à 15 mètres sous la surface actuelle de l'eau, deux autres galeries de 2.500 mètres de longueur chacune et de même section que
la première, avec laquelle elles seront à angle droit, compléteront

le réseau. Elles auront une pente, dirigée vers la galerie principale, de 1 mètre par 1.500 mètres. On pourra les développer si
cela était nécessaire, mais on compte que le système tel quel four-
nira assez d'eau, car on évalue le débit à 70.000 hectolitres par
jour.

A Verviers on projette une distribution colossale, eu égard au
chiffre de la population. On veut avoir 18 millions de mètres cubes
par an pour 50.000 habitants, soit une moyenne de 16 à 17 hectolitres par tête et par jour. Il est vrai qu'on débutera par un chiffre
moitié, ce qui est encore le sextuple de la consommation dans les
villes bien fournies. Mais Verviers possède une immense industrie,
celle des laines, qui réclame énormément d'eau, et l'on a la pré-
tention, au moyen de ces nouveaux travaux, d'en fournir non-seulement à toutes les fabriques actuelles, mais de faire face à un
nombre double. Le projet, dont l'exécution coûtera environ 6 millions, comporte un grand barrage à construire dans la vallée de la
Gileppe où coule un des affluents de la Vesdre, débitant annuellement 20 à 24 millions de mètres cubes. Le réservoir naturel ainsi
formé serait d'une capacité de 12 millions de mètres cubes et se
remplirait une fois et demi par an, ce qui mettrait 18 millions de
mètres cubes à la disposition de la ville. On estime que le barrage
aura 40 mètres de haut et une épaisseur de 60 mètres. La prise se
fera au moyen d'une galerie percée dans la roche vive et communiquant avec un aqueduc qui amènera les eaux dans un bassin de
distribution à 80 mètres au-dessus du thalweg de la vallée de
Verviers.

A Aix-la-Chapelle la question est moins avancée. On hésite encore entre deux solutions; l'une, de même nature que la précédente, consisterait à barrer l'une des vallées qui avoisinent Stolberg; l'autre consisterait à pratiquer un puits dans le terrain
houiller, près d'Herbesthal. Ce dernier projet, très-étudié en ce
moment, a été inspiré par la vue des faits qui s'accomplissent dans
l'une des principales houillères du pays. Le puits d'épuisement
fournit une eau de bonne qualité et presque suffisante pour alimenter la ville d'Aix. Il a même été question de passer un traité avec
les propriétaires de la mine; mais la crainte de voir la qualité des
eaux varier par suite des travaux ultérieurs de l'exploitation y a
fait renoncer. On s'arrêterait à l'idée de creuser un puits spécial
dans la région la plus favorable, lequel s'arrêterait dans le calcaire
houiller à une profondeur d'environ 80 mètres. Des machines re-
monteraient l'eau à surface, d'où un aqueduc les amènerait à Aix,
à une hauteur suffisante pour desservir toutes les maisons.

## Note I.

Les villes d'Anvers et de Louvain, en Belgique, celle de Groningue, dans la Hollande septentrionale, et celle de Bonn, dans la
Prusse rhénane, présentent les types les plus achevés d'un emploi
minutieux des engrais. Dans les deux premières, l'engrais est vendu
à l'état naturel, sans addition de matières étrangères ; dans les
deux autres, on en forme préalablement des composts variés.

À Anvers l'exploitation des vidanges, faite depuis des siècles au
profit du trésor communal, a de tout temps rapporté des sommes
considérables. Le bénéfice annuel, graduellement réduit par la concurrence du guano, est encore de 80.000 francs, après avoir été de
110.000 il y a une quinzaine d'années. Douze *vidangeurs-jurés*,
nommés par le collége échevinal, président aux vidanges, visitent
les fosses après l'opération, et s'assurent si elles sont encore en bon
état. Ce sont eux qui jaugent la fosse, constatent la quantité extraite et rédigent les déclarations indiquant le volume d'engrais
obtenu. La quantité totale, fournie par la ville chaque année, est
d'environ 30.000 mètres cubes. Les matières solides sont embarquées en vrac et déposées dans un réservoir central, formé de plusieurs citernes, situé sur la rive gauche de l'Escaut. C'est là qu'un
agent de la ville les vend au public. Les matières liquides sont
chargées dans des bateaux-citernes, qui vont alimenter les fosses
à gadoue des cultivateurs et des marchands. Les unes et les autres
circulent dans divers sens. On trouve des fosses le long de l'Escaut
et de ses affluents, sur les canaux de Flandre et du Brabant, et
jusqu'à Campenhout, près de Louvain, qui absorbe près d'un
dixième de l'engrais. Mais c'est surtout le pays de Waes, où la culture des plantes industrielles est si développée, qui consomme une
grande quantité de cet engrais. Malgré la longueur et la difficulté
des transports. le Campinois, au retour du marché d'Anvers, en
emporte souvent, et les fosses de dépôt que la ville a fait construire à Cruybeeck sont presque toujours vides.

Le prix moyen des matières fécales ordinaires est de 9 à 10 francs
par mètre cube livré au bateau ; il varie, selon la densité, de 5 à
18 francs.

La ville de Louvain opère également la vidange en régie. Son
bénéfice n'est que d'une quinzaine de mille francs, c'est-à-dire relativement moins élevé qu'à Anvers. parce qu'elle a surtout en vue

de donner au commerce de cet engrais toute l'extension désirable.
Elle a acquis des bateaux couverts pour le transport, et a établi
dans diverses communes accessibles par eau des fosses de dépôt,
parmi lesquelles celles de Campenhout sont les plus considérables.
Ces dernières ne servent pas seulement pour les matières alvines
de Louvain, mais on peut encore y recevoir et débiter, au profit
de la ville, la gadoue provenant d'autres localités. Nous avons dit
tout à l'heure qu'Anvers y envoyait près du dixième de sa production. Mais on en fait venir de bien plus loin : dans une seule année
on a acheté 10.000 hectolitres de gadoue d'Amsterdam. Les fosses
de Campenhout ont une capacité de 5oo mètres cubes; celles de
Boortmeerbeck, dans la même contrée, n'ont guère moins. Elles
sont couvertes par un toit en pannes et présentent un débarca-
dère. Le bord des réservoirs est situé à 10 mètres environ du canal.
Pour opérer le transbordement de la gadoue hors du bateau-ci-
terne dans les fosses, on a établi un chenal de 10 mètres de longueur sur la digue de séparation et l'on puise au seau avec une
bascule. Ce seau contient un quart d'hectolitre. On débite par le
même procédé.

Des pratiques analogues se retrouvent dans plusieurs autres
villes de Belgique, surtout dans les Flandres, à Gand, Bruges,
Lockeren, etc. (Voir pour plus de détails le rapport de M. G. P.
Schmit, ingénieur à Liége, qui a étudié cette question par ordre du
gouvernement belge).

A Groningue, on met un soin plus grand encore à utiliser tous les
immondices de la ville. Les maisons sont en général dépourvues de
fosses d'aisances. On place sous le siége des cabinets des vaisseaux
de bois ou de fer qui sont vidés deux fois par semaine dans des
voitures couvertes, où l'on charge également la boue des rues et
des égouts. On recueille à part les résidus secs, tels que balayures,
poussières, débris, etc. Les cendres des foyers sont emportées par
des voitures spéciales.

Toutes ces matières sont conduites hors la ville sur un terrain
abrité par des hangars. Le sol est pavé et divisé en plusieurs em-
placements un peu concaves. Avec les résidus secs on forme des
espèces de digues circulaires, et les matières liquides ou pâteuses
sont répandues au milieu. La partie qui filtre est conduite par des
gouttières dans une grande citerne en maçonnerie. On brasse ensuite les matières comme on fait du mortier, et l'on obtient un
engrais particulièrement estimé. Les agriculteurs attachent une
grande importance à ce que la préparation ait lieu suivant certaines règles. Ainsi l'on ne doit faire entrer dans le compost ni paille

ni loin. Les matières fécales doivent être récentes, à quelques jours de date seulement, pour avoir tout leur prix.

Le service est fait par une corporation, payé par la ville. Le directeur est chargé également de la vente et de l'expédition du produit. Il se rend de temps en temps dans la province, sur les lieux mêmes, et y vend à l'enchère, par-devant un huissier, l'engrais en lots de 18.000 kilogrammes environ, et au prix de 120, 140 francs, quelquefois même 200 francs, soit normalement de 7',50 à 8 francs la tonne. L'expédition a lieu dans des bateaux couverts, contenant précisément 18.000 kilogrammes chacun. Les liquides (ayant dégoutté des tas) sont vendus d'une manière analogue, mais seulement au prix de 2',50 le mètre cube. On les répand sur les champs au moyen de charrettes semblables à celles qui font l'arrosage des villes.

Le bénéfice net retiré par la ville de ces opérations est de 40.000 francs par an. Mais ce qui a bien plus d'importance que ce chiffre, ce sont les résultats agricoles qu'on a obtenus. Un vaste terrain, situé au sud de la province, autrefois couvert de landes et de tourbe, est maintenant une des parties les plus fertiles de cette riche contrée.

Depuis quelques années la ville d'Arnhem, dans la Hollande méridionale, a suivi l'exemple de Groningue et retire déjà près de 20.000 francs de ses engrais.

A Bonn, l'emploi des matières fécales est également porté à un haut degré de perfection. Elles sont centralisées par l'Académie royale d'agriculture de Poppelsdorf, qui possède de vastes terrains à proximité de la ville. On fabrique des composts semblables à ceux de Groningue, et on les consomme entièrement dans les dépendances de l'établissement. Cette pratique a eu pour résultat d'améliorer les procédés de récolte. Les fosses sont construites avec plus de soin et l'extraction a lieu par le système dit hydro-barométrique.

### Note *m*.

Voici le compte rendu des expériences entreprises par le D' Kœne devant la commission spéciale, le 17 janvier 1863 :

« ..... Les démonstrations sont ensuite entamées :

« 1° *Sur de l'eau puisée à la Senne, près de la grande écluse, au* « *boulevard du Midi.*

« Un vingt-cinquième de goutte de perchlorure de fer est mé-

« langé à un dixième de litre d'eau de la Senne. Dix minutes après,
« une certaine quantité de matières brunes sont précipitées au
« fond du verre, et l'eau, qui était jaune et trouble, est considé-
« rablement clarifiée.

« 2° (Expérience analogue à la précédente.)

« 3° *Sur de l'eau contenant du sang et d'autres matières animales
« en putréfaction, puisée dans l'égout particulier de l'abattoir de
« Bruxelles.*

« Un dixième de litre de cette eau est mélangée à une quantité
« double environ d'eau pure, sans perchlorure.

« Un dixième de litre de cette même eau de l'abattoir est mélangé
« à une quantité d'eau égale à la précédente, mais contenant une
« goutte et demie de perchlorure de fer.

« Après l'espace d'environ douze à quinze minutes, le liquide du
« premier verre a conservé sa mauvaise odeur (et son aspect rou-
« geâtre et trouble.

« Le liquide du second verre, après le même espace de temps,
« a déposé les matières albumineuses dont il était chargé ; il est
« décoloré, moins trouble, et la mauvaise odeur en est diminuée.

« 4° *Sur des débris de poisson en putréfaction.*

« Des débris pris en quantité égale sont lavés séparément, les
« uns dans de l'eau fraîche, les autres dans de l'eau chargée du
« désinfectant.

« L'odeur des premiers débris reste à peu près la même qu'avant
« le lavage.

« Les débris lavés au perchlorure sont débarrassés des émana-
« tions putrides qu'ils exhalaient, et n'ont conservé que l'odeur du
« poisson non corrompu.

« 5° *Sur de l'eau recueillie dans l'égout de la rue du Rempart-
« des-Moines.*

« Deux vases de la contenance d'un litre sont remplis de ce
« liquide.

« Quelques gouttes de perchlorure de fer mélangées à l'eau con-
« tenue dans un des vases produit, après douze minutes, une pré-
« cipitation presque complète des matières dont l'eau était chargée :
« le liquide est clair et ne porte plus d'odeur.

« L'eau du second vase reste trouble et puante : quelques ma-
« tières lourdes tendent à descendre au fond du bocal.

« 6° (Expérience analogue à la précédente.) »

A la suite de ces essais, M. Heyvaert, chimiste expert, a été
chargé d'analyser les matières précipitées et d'apprécier leur valeur commerciale comme engrais.

La quantité d'azote a été trouvée de 5,40 pour 100, et la quantité de phosphate de fer de 50 pour 100. Par suite, la valeur de l'engrais a été estimée 160 francs la tonne.

NOTE h.

MM. Keller et C<sup>ie</sup>, dans leur *Second mémoire explicatif* présenté à la Commission provinciale en 1864 à l'appui de leurs propositions, s'expriment ainsi :

« Quoi de plus simple que d'employer comme engrais liquide « l'eau d'égout telle qu'elle est, sans avoir à lui faire subir au préa- « lable aucune préparation chimique?

« ..... Mais avant de se décider à employer les eaux d'égout « à l'irrigation des terres, il faut être certain d'avoir un débouché « qui ne fasse jamais défaut.

« La région agricole avoisinant Bruxelles n'est point dans ces « conditions. Ce n'est qu'en Campine qu'on peut trouver des ter- « rains qui soient disposés à recevoir pendant toute l'année un « arrosage fertilisant, sans craindre de compromettre la santé pu- « blique par l'emploi d'un produit non désinfecté.

« Le problème consiste donc à amener à peu de frais en Campine « l'engrais liquide bruxellois.

« On pourrait s'y prendre de la manière suivante :

« On choisirait un plateau élevé au milieu des bruyères et on y « creuserait un vaste bassin dans lequel les produits des égouts de « la capitale seraient incessamment amenés par un aqueduc voûté, « divisé en autant de biefs que la différence de niveau l'exigerait.

« Des machines élèveraient les matières de bief en bief jusqu'au « bassin.

« De ce point, les eaux fertilisantes se répandraient dans des ri- « goles ménagées dans des digues divisant toute la contrée envi- « ronnante en autant de compartiments qu'on le jugerait utile ; ces « compartiments, successivement irrigués, suivant un mode ana- « logue à celui qui est usité en Egypte depuis un temps immémo- « rial, seraient ainsi convertis en prairies artificielles. »

Nous avons reproduit ces lignes, non pour établir la supériorité du projet de M. Keller, mais afin de montrer que des hommes pratiques croient la solution du problème agricole financièrement possible.

M. Ch. Rogier, ministre de l'intérieur, auquel est dû cette création originale, en a indiqué l'objet dans sa circulaire aux gouverneurs, du 4 novembre 1849, d'où nous extrayons les passages suivants :

« Il faut donc s'efforcer, Monsieur le gouverneur, d'arriver par
« cette voie (celle des conseils) à des résultats efficaces, en excitant
« l'émulation dans les familles, et je crois qu'il serait utile, à cet
« effet, d'instituer pour les quartiers ou rues habités principale-
« ment par la classe ouvrière, des prix de propreté et de bonne
« tenue des maisons, lesquels prix seraient décernés annuellement
« par l'administration communale à l'intervention du bureau de
« bienfaisance et du comité de salubrité publique.

« Les prix seraient répartis entre les familles qui, pendant l'an-
« née entière, auraient donné le plus de soins à la propreté inté-
« rieure de leur habitation. Des visites devraient donc être faites
« par les membres des bureaux de bienfaisance et des comités de
« salubrité publique dans les maisons des quartiers ou rues pour
« lesquels les prix seraient institués, afin d'en reconnaître et d'en
« constater l'état relatif de propreté et de bonne tenue. Des rap-
« ports périodiques seraient adressés à ce sujet aux administrations
« communales par les personnes déléguées pour ces visites, et les
« observations consignées dans ces divers rapports, serviraient, à
« la fin de l'année, de base à la répartition des prix ; laquelle serait
« arrêtée, d'un commun accord, par l'autorité communale, le bu-
« reau de bienfaisance et le comité de salubrité publique.

Plus tard, le même ministre, constatant les heureux effets déjà produits, s'exprimait ainsi dans une nouvelle circulaire aux gou-
« verneurs, en date du 7 septembre 1851 :

« ..... Il faut donc s'efforcer de généraliser, autant que possible,
« l'institution des prix de propreté.....

» Ces considérations me portent à penser qu'il pourrait être
« utile de stimuler, par tous les moyens, les communes à suivre les
« recommandations contenues dans ma circulaire précitée, et j'ai
« décidé, en conséquence, qu'à l'avenir l'allocation des subsides
« pour travaux d'assainissement serait subordonnée à l'institution
« préalable de prix de propreté et de bonne tenue des maisons. »

## NOTE *p*.

M. Versluys a exposé son système de la manière suivante, à l'époque où il était chargé de l'inspection de la voirie communale de Bruxelles :

« Le problème à résoudre est donc de trouver une disposition
« telle que toute fuite de gaz devienne impossible, ou du moins
« puisse être constatée avant qu'elle ne présente de danger. C'est
« cette disposition que nous croyons avoir trouvée.

« Nous nous sommes servi d'un procédé fertile en heureuses
« applications dans l'industrie : la fermeture hydraulique.

« Rappelons d'abord que la pression du gaz dans les tuyaux est
« toujours très-faible ; à la sortie du gazomètre, elle est ordinaire-
« ment de $0^m,02$ à $0^m,05$, c'est-à-dire qu'elle fait équilibre à une
« colonne d'eau de $0^m,02$ à $0^m,05$ de hauteur; elle n'augmente en-
« suite qu'en raison de la légèreté spécifique du gaz et de la diffé-
« rence de niveau des lignes des tuyaux; mais cette augmentation
« est telle que dans les points les plus élevés d'une ville en pente,
« comme Bruxelles, elle est toujours balancée par une colonne
« d'eau de $0^m,12$ de hauteur.

« Cela posé, on comprend que si les conduites de gaz sont placées
« à l'intérieur de l'égout, dans un canal rempli d'eau, de manière
« à ce que le dessus du tuyau soit recouvert d'une hauteur d'eau
« un peu plus forte que la pression du gaz à l'intérieur de la con-
« duite, il n'y a plus de fuites possibles.

« Qu'une imperfection se déclare dans l'une ou l'autre des par-
« ties d'une conduite ainsi placée au fond de l'eau, il arrivera que
« cette eau pénétrera dans le tuyau, en donnant lieu à un certain
« bouillonnement à la surface, bouillonnement qui sera un indice
« visible du mal à réparer.....

« Quant à l'eau qui pourrait s'introduire par les joints défectueux
« à l'intérieur des conduites, elle n'est pas non plus un danger. On
« sait que le gaz entraîne toujours avec lui des vapeurs qui se con-
« densent pendant le trajet et qui coulent alors selon la pente des
« conduites. Pour recueillir cette eau, on doit établir, au bas des
« lignes, des réceptacles où elles se rassemblent, et d'où on les
« extrait à l'aide d'une pompe. Dès lors, l'eau qui pénétrerait dans
« la conduite suivrait la même route ; sa présence dans les récep-
« tacles dénoncerait l'existence d'une défectuosité dans la conduite
« et la nécessité d'en faire la visite et la réparation.....

« Pour racheter la pente de l'égout et maintenir l'eau dans le
« bassin où la conduite du gaz est placée, il suffit de diviser ce
« bassin par des cloisons distancées plus ou moins, selon que la
« pente à racheter est moindre ou plus rapide..... Que l'on dirige
« un filet d'eau dans la partie supérieure de la conduite, c'est-à-
« dire dans la partie la plus élevée du bassin où elle plonge, cette
« eau, se déversant de cloison en cloison, maintiendra dans chaque
« partie du bassin un niveau d'eau égal à la hauteur de la cloison
« immédiatement inférieure ; conséquemment, il n'y a plus de fuite
« possible, puisqu'il y a toujours excès de pression sur le gaz. »

# TABLE DES MATIÈRES.

Paris. — Imprimé par E. Thunot et Cie, rue Racine, 26.

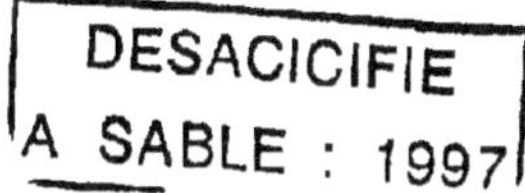

www.ingramcontent.com/pod-product-compliance
Lightning Source LLC
LaVergne TN
LVHW020703200726
843508LV00002B/855